兽医临床诊疗宝典

鸭病诊疗原色图谱

崔恒敏　主编

中国农业出版社

图书在版编目（CIP）数据

鸭病诊疗原色图谱／崔恒敏主编．—北京：中国农业出版社，2008.5

（兽医临床诊疗宝典）

ISBN 978-7-109-12520-9

Ⅰ．鸭… Ⅱ．崔… Ⅲ．鸭病－诊疗－图谱 Ⅳ．S858．32-64

中国版本图书馆CIP数据核字（2008）第018706号

内容提要

本书内容包括传染病、寄生虫病、营养代谢病与中毒病、其他疾病共37种鸭病，典型临床与病变照片160幅。以图文并茂的形式，从疾病的病原或病因、典型症状与病变、诊断要点、防治措施和诊疗注意事项等五个方面对每一种鸭病作了介绍，突出诊疗要点，体现实用、管用、够用的特点，是兽医人员和鸭养殖人员学习和掌握鸭病诊疗技术的必备工具书。

[兽医临床诊疗宝典]

中国农业出版社出版

（北京市朝阳区农展馆北路2号）

（邮政编码 100125）

责任编辑 颜景辰

中国农业出版社印刷厂印刷 新华书店北京发行所发行

2008年8月第1版 2008年8月北京第1次印刷

开本：889mm × 1194mm 1/32 印张：3

字数：85千字 印数：1～8 000册

定价：24.00元

丛书编委会名单

编写人员

主　　编　崔恒敏

副 主 编　胡薛英　岳　华

编写人员（以姓氏笔画为序）

刘思当　汤　承

杨光友　谷长勤

张济培　岳　华

胡薛英　崔恒敏

蒋文灿

序 言

随着我国国民经济和畜牧业的不断发展，城乡居民对动物产品尤其肉、奶、蛋、毛、皮等质量的要求越来越高，然而各种动物疾病的频繁发生严重影响畜牧业的发展，并给养殖业带来了巨大的经济损失。

为了使基层畜牧兽医工作者和动物养殖专业人员能较快学习并掌握多种动物主要疾病的基础知识和临床诊疗技术，中国农业出版社决定组织编写一套全彩丛书《兽医临床诊疗宝典》，这是很有意义的举措。本丛书编写工程的启动，旨在提高我国动物疾病防控工作的质量，促进畜牧业的健康发展，为养殖业及农牧民增收贡献力量。

参加本丛书编审工作的都是具有丰富兽医临床实践经验并收藏有大量珍贵彩色照片的兽医专家。这些专家的临诊经验和学术水平，保证了丛书的质量，使其具有科学性、实用性和可操作性。

本丛书主要收录各种动物的常见病、多发病，不仅将危害严重的传染病与寄生虫病作为重点，而且包括日益受到重视的营养代谢病、中毒病、其他疾病和肿瘤。每一疾病的内容都由病因或病原、典型症状和图片、诊断要点、防治措施及诊疗注意事项五部分组成。因此，本丛书的最大特点是图文并茂、简明扼要、重点突出、易于学习和应用。

本丛书出版之际，谨对全体编写人员的严谨学风和付出的艰辛劳动深表敬意！对中国农业出版社的大力支持致以谢意！颜景辰编辑在本丛书的整个编写和出版过程中做了出色的组织和协调工作，在此特表感谢！

祝贺《兽医临床诊疗宝典》丛书出版！相信其对我国养殖业的发展和动物疾病的防控必将发挥重要作用。

陈怀涛

2008年6月

前言

我国是养鸭大国，也是世界上养鸭最早的国家之一。养鸭业作为养禽业的一个重要组成部分，对现代畜牧业的健康发展和人类肉食品结构调整与安全做出了应有的贡献。随着养鸭业的迅速发展和规模的不断扩大，疾病的发生和流行对其危害日益突出，疾病的诊疗和防控更显重要。目前，在兽医临床上或鸭养殖场需要的以图文并茂而直观地诊断与防治鸭病的书籍或工具书较为缺乏。为普及兽医临床诊断和治疗知识，使兽医人员和鸭养殖人员客观、直接、简便、快速地学习和掌握鸭病的诊疗方法和技巧，特组织编著了《鸭病诊疗原色图谱》一书，以满足现代养鸭业的健康发展和疾病的防控。

本书以简洁、易懂的文字，结合典型的临床症状和剖检病变图片，对传染病、寄生虫病、营养代谢病与中毒病、其他疾病等共37种常见鸭病作了介绍，突出了诊疗要点和防治措施，体现了实用、管用、够用的特点，对养鸭场和兽医临诊上鸭病的临床诊断与防治具有实践指导作用，是一本兽医人员和鸭养殖人员学习和掌握鸭病诊疗技术的必备工具书。

在本书的编著过程中，得到了中国农业大学郭玉璞教授的大力支持，无偿提供肉鸭腹水症照片2张。在此，表示衷心感谢。

由于集约化、规模化、舍养和散（放）养等多种鸭养殖形式并存，加之疾病的发生和流行出现新的特点（如疾病的非典型化等），本书可能存在不足之处，敬请专家和广大读者批评指正。

编　者

2008年6月

目录

鸭瘟

【病原】 鸭瘟，又称鸭病毒性肠炎，是由疱疹病毒感染引起的鸭、鹅、雁的一种急性败血性传染病。不同年龄和品种的鸭均可感染，但自然感染病例中，以产蛋母鸭多发。

【典型症状与病变】 以体温升高、两腿软弱、下痢、流泪和头颈部肿大（图1）为临床特征。剖检见头、颈、胸部皮下黄色胶冻样浸润（图2）；口腔、食道黏膜、泄殖腔黏膜出现特征性的坏死性假膜炎症和出血（图3 至 图5），肠浆膜和黏膜可见环状出血带（图6和图7）；肝脏见有出血性坏死灶（图8）；淋巴器官、心外膜、胃肠和气管黏膜出血（图9和 图10）。种鸭卵巢充血、出血，卵泡变形、变色，甚至破裂（图11和图12）。

【诊断要点】 根据病鸭头颈部肿大和特征性的剖检变化，结合流行病学调查，可做出初步诊断。确诊需进行病毒的分离鉴定或病毒核酸的

图1　鸭瘟

头颈部肿大，眼、鼻流出血性分泌物。　（岳华，汤承）

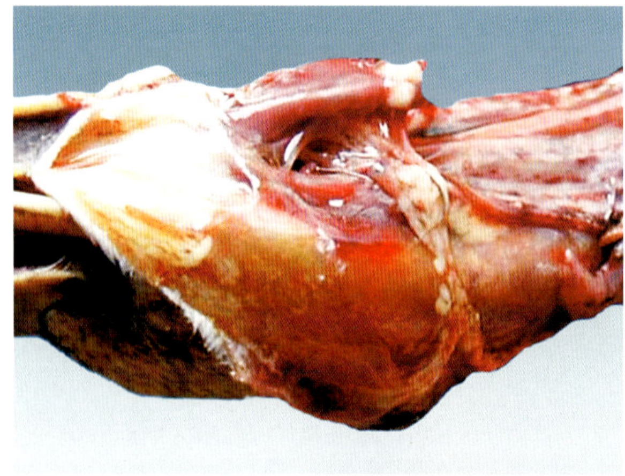

图 2　鸭瘟

头部皮下胶样浸润。

（岳华，汤承）

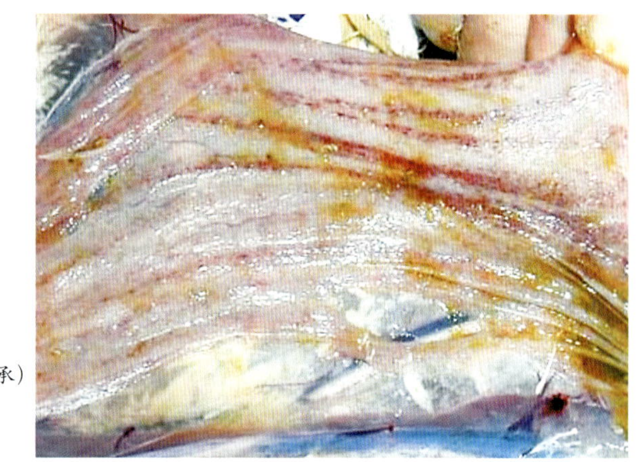

图 3　鸭瘟

食道黏膜线状出血。

（岳华，汤承）

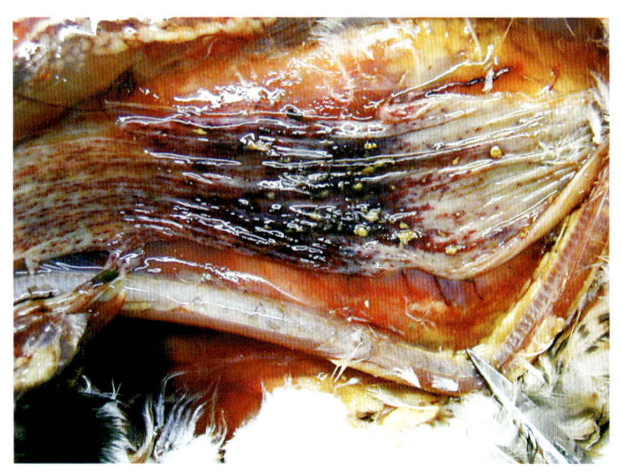

图 4　鸭瘟

食道黏膜出血和局灶性假膜样坏死。（岳华，汤承）

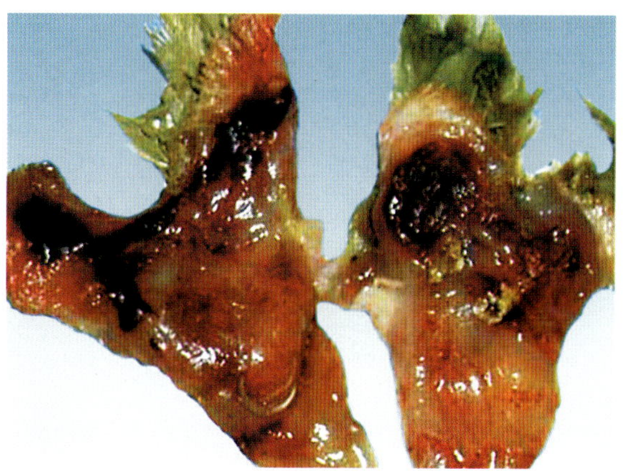

图5　鸭瘟

泄殖腔黏膜出血及假膜样坏死。（岳华，汤承）

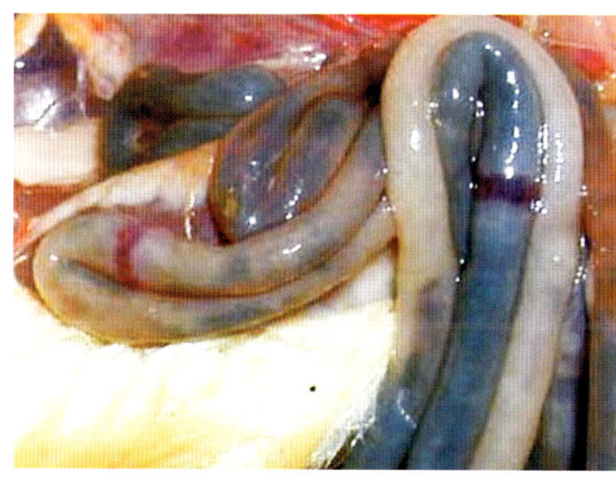

图6　鸭瘟

肠浆膜环状出血带。（岳华，汤承）

图7　鸭瘟

肠黏膜环状出血坏死带。（岳华，汤承）

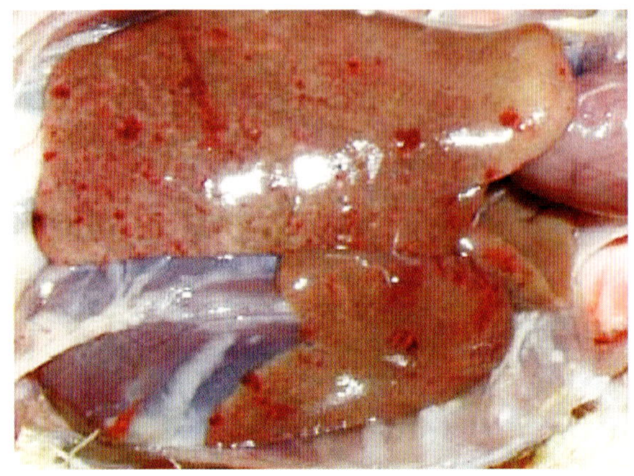

图8　鸭瘟

肝脏出血性坏死。

（岳华，汤承）

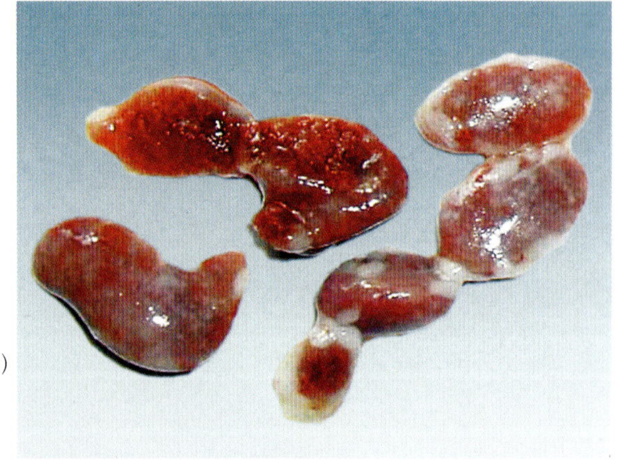

图9　鸭瘟

胸腺出血坏死。

（岳华，汤承）

图10　鸭瘟

肠黏膜严重出血和假膜样坏死。（岳华，汤承）

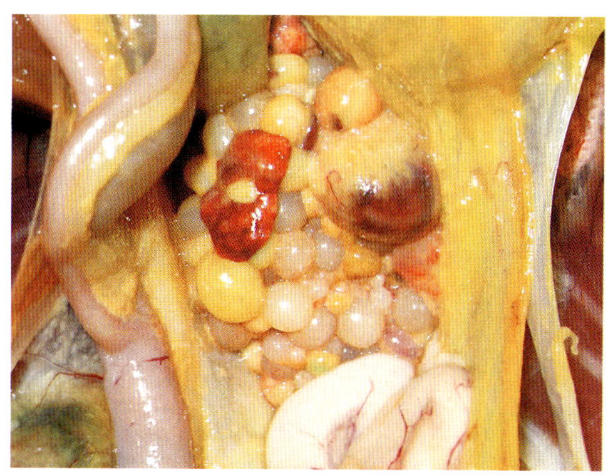

图 11 鸭瘟

种鸭卵巢出血。（胡薛英）

图 12 鸭瘟

卵泡破裂，呈卵黄性腹膜炎。（岳华，汤承）

检测或血清学检查等实验室检查。

【防治措施】 不从疫区进鸭苗，不到鸭瘟疫区放牧，严格执行卫生消毒措施。对受威胁的鸭群接种鸭瘟弱毒疫苗；发病鸭群应严格隔离封锁，并进行紧急接种。用高免血清治疗早期病鸭有效。病死鸭应焚烧或深埋，环境、圈舍、垫料及粪便应严格消毒。

【诊疗注意事项】 临床上注意与鸭禽流感、鸭巴氏杆菌病作鉴别诊断。

鸭病毒性肝炎

【病原】 鸭病毒性肝炎是由鸭 I 型肝炎病毒引起的雏鸭的一种高度致死性急性传染病，发病急、传播快，死亡率高，主要侵害3～20日龄的雏鸭。

【典型症状与病变】 雏鸭突然发病，传播迅速，最急性病例常没有任何症状而突然倒毙，2～3天后大批死亡。患病雏鸭精神沉郁，食欲废绝，排出白色稀便；可见神经症状，行走不稳，共济失调（图13），角弓反张（图14）。特征性的剖检变化为出血坏死性肝炎，表现为肝脏肿大、灰黄色，表面有大小不等的出血点和坏死点（图15至图17）。

图13　鸭病毒性肝炎
病鸭出现神经症状，平衡失调。
（岳华，汤承）

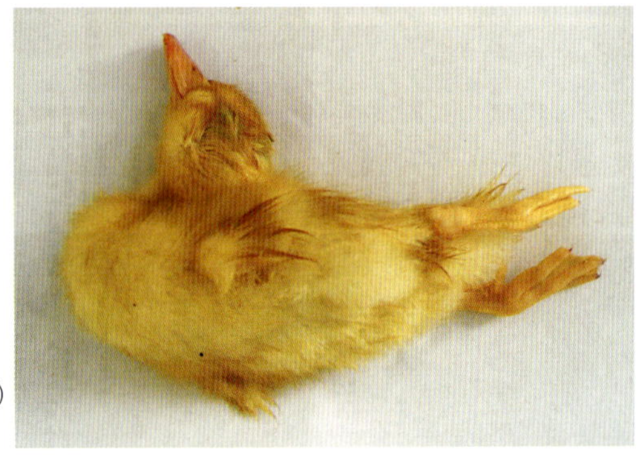

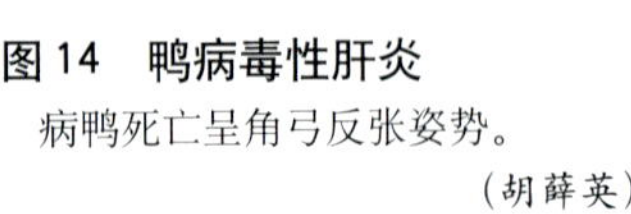

图14　鸭病毒性肝炎
病鸭死亡呈角弓反张姿势。
（胡薛英）

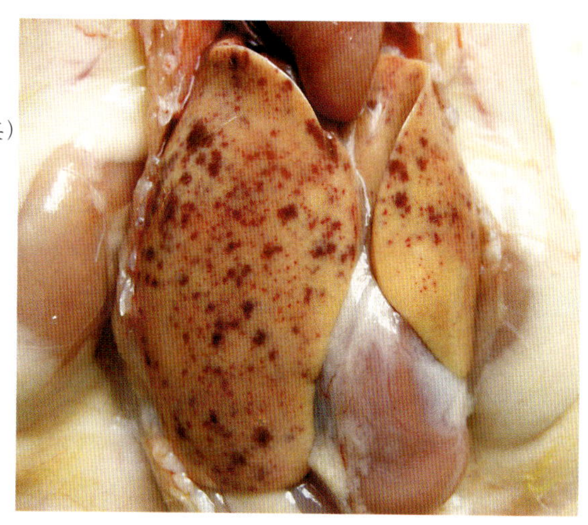

图 15　鸭病毒性肝炎

肝脏斑点状出血。（胡薛英）

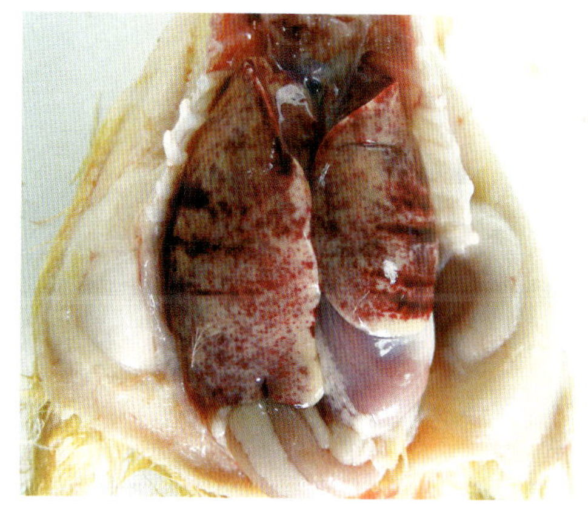

图 16　鸭病毒性肝炎

肝脏斑点状出血。（胡薛英）

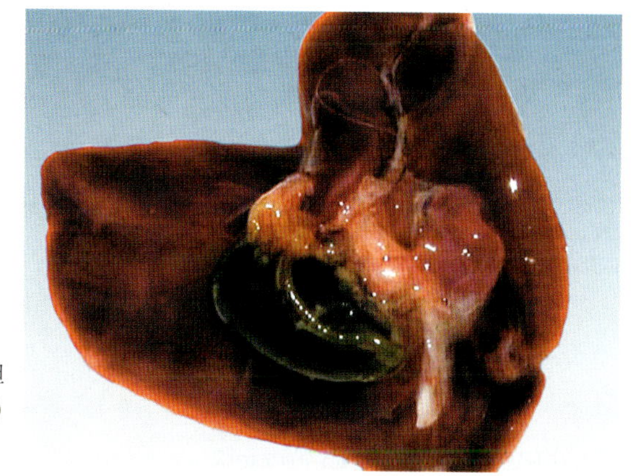

图 17　鸭病毒性肝炎

病鸭胆囊扩张，充满墨绿色胆汁。（岳华，汤承）

【诊断要点】根据发病年龄特点、神经症状和肝脏的特征性病变可做出初步诊断。确诊需进行病毒的分离鉴定或病毒核酸的检测或血清学检查等实验室检查。

【防治措施】建立严格的防疫和消毒制度。种鸭开产前接种鸡胚化弱毒疫苗，可为2～3周内的雏鸭提供有效保护；对疫区母源抗体较低或无母源抗体的雏鸭，由于雏鸭免疫系统尚不完善，早期接种弱毒疫苗效果不理想，应在出壳后1～3天内皮下注射高免血清或高免卵黄，可有效防止本病发生。

小鸭一旦发病，立即注射高免血清或高免卵黄，同时投服广谱抗菌药物，防止细菌继发感染，补充多维，可迅速制止死亡。

【诊疗注意事项】早期使用高免卵黄或高免血清进行治疗，效果良好，发病后应尽早使用。

番鸭细小病毒病

【病原】雏番鸭细小病毒病是由细小病毒引起雏番鸭的一种急性传染病，俗称“三周病”。其发病特点是具有高发病率与死亡率，病理变化特征是纤维素性浮膜性肠炎，胰脏呈点状坏死。目前该病毒只引起雏番鸭发病。

【典型症状与病变】本病多发生于7～21天，病鸭表现沉郁，废食，喘气，下痢，脱水，消瘦，衰竭，迅速死亡，病程1～2天，死亡率达到50%以上，耐过鸭常成为僵鸭。剖检见肠道外观膨大（图18）、硬实，黏膜脱落，肠管内可见大量炎性渗出物，严重病例形成假性栓子（图19）；胰脏苍白、充血、出血及有灰白色点状坏死（图20）。

【诊断要点】根据本病主要发生于1月龄以内的雏番鸭，特征症状与病理变化可做出初步诊断。确诊需进行病原的分离与鉴定。

【防治措施】①严格消毒措施。②做好免疫预防接种。种鸭在开产前30～15天，肌注雏番鸭细小病毒病－小鹅瘟二联弱毒疫苗2～3头份/只，同时注射雏番鸭细小病毒病－小鹅瘟二联油乳剂灭活疫苗1毫升/只，使其所产雏鸭获得良好的被动免疫保护力。雏番鸭，1～3日龄经皮

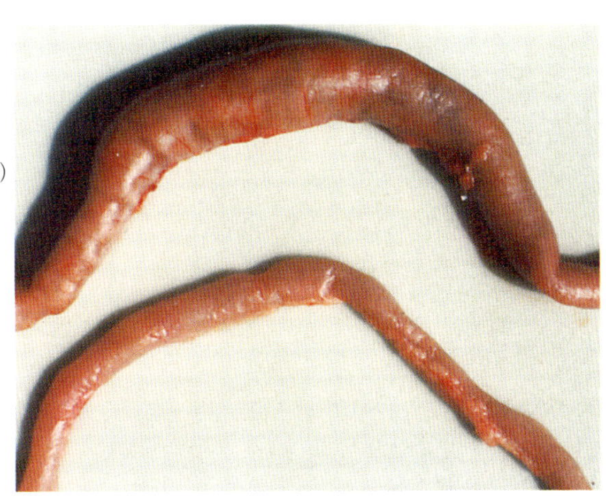

图 18　番鸭细小病毒病

肠道膨大，质感硬实。

（张济培）

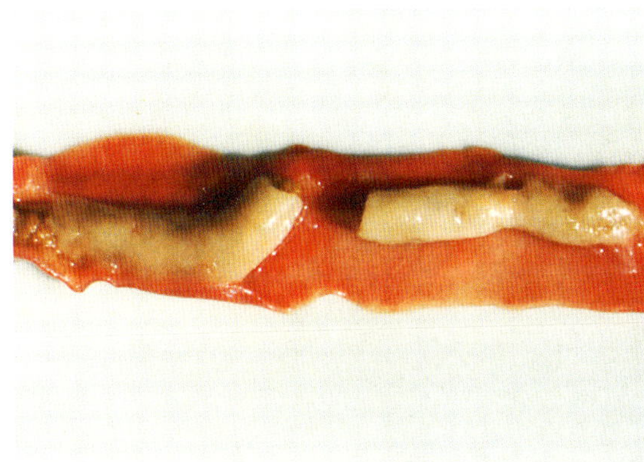

图 19　番鸭细小病毒病

肠腔内的灰白色栓状物。

（张济培）

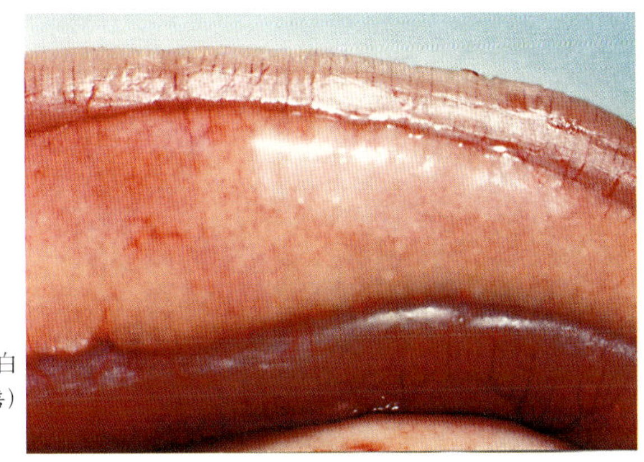

图 20　番鸭细小病毒病

胰腺充血、出血，散在有灰白色坏死点。（张济培）

下注射雏番鸭细小病毒病－小鹅瘟二联弱毒疫苗1～2头份/只，或用高免卵黄抗体皮下注射0.5毫升/只。③发病时，早期注射雏番鸭细小病毒病－小鹅瘟高免卵黄抗体或高免血清，1毫升/只。同时适当使用一些抗菌药物及清热解毒的中草药，添加适量的维生素、微量元素、葡萄糖等营养物质，供给充足的清洁饮水，能收到较好的效果。

【诊疗注意事项】 雏番鸭除能感染番鸭细小病毒外，亦可以感染鹅细小病毒（小鹅瘟），两者在临床症状与病理变化上基本相同，鉴别诊断需进行实验室诊断。

鸭病毒性肿头出血症

【病因】 鸭病毒性肿头出血症是近年发现并流行的一种新型、鸭病毒性传染病。病毒呈球形，无囊膜，大小约65～70纳米，核酸类型为dsRNA,基因组大于19Kbp，归属于呼肠孤病毒科正呼肠孤病毒属。

【典型症状与病变】 病鸭明显肿头（图21），眼睑潮红，流鼻涕和泡

图21　鸭病毒性肿头出血症

病鸭头部明显肿大。　　（蒋文灿）

沫状眼泪，排绿色稀粪。剖检见全身皮肤上散在大小不等的出血斑点或斑块，以腹部、胸侧、颈侧最为明显。胸腹腔积有多量红色渗出液体，心外膜和心冠脂肪出血（图22）。肝脏略肿大、质脆、充血和斑点状出血（图23）。肠道浆液性或出血性炎症，腺胃和肌胃未见出血带和出血点。盲肠黏膜可见出血斑块。气管和肺出血。食道黏膜点状出血或线状出血（图24），严重者有点状或块状黄色假膜覆盖。卵巢变形、变色、出血（图25）。头部皮下和腹部皮下有大量胶样物浸润（图26和图27）。

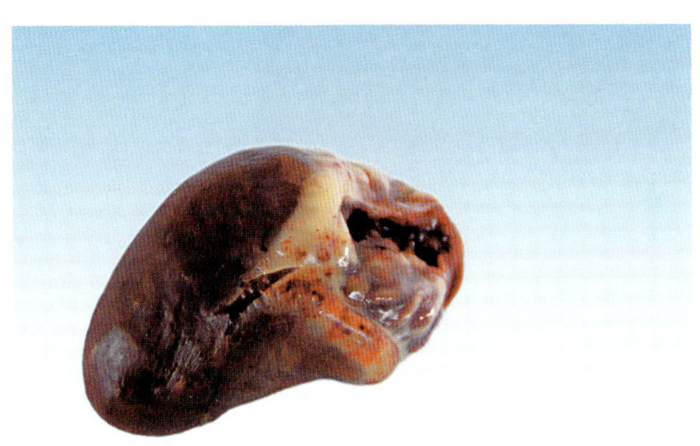

图22　鸭病毒性肿头出血症

心外膜及心冠脂肪出血。（蒋文灿）

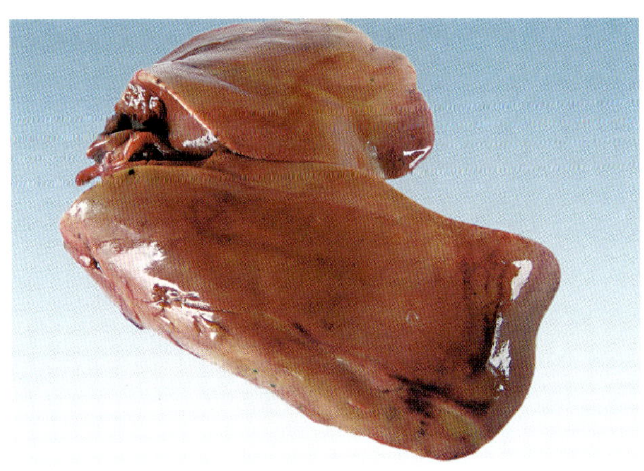

图23　鸭病毒性肿头出血症

肝脏肿大出血。（蒋文灿）

图 24　鸭病毒性肿头出血症
食道黏膜线状出血。（蒋文灿）

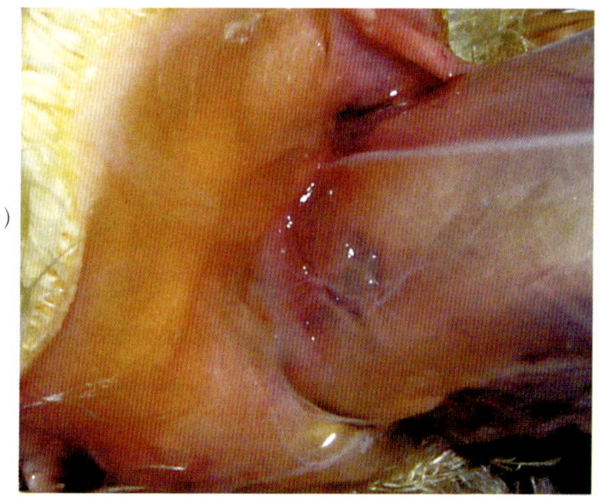

图 25　鸭病毒性肿头出血症
腹部皮下胶样浸润物。（蒋文灿）

图 26　鸭病毒性肿头出血症
头部皮下出血和胶样浸润物。（蒋文灿）

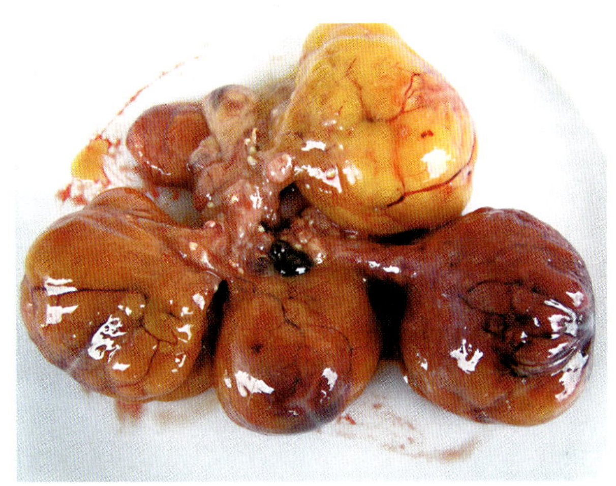

图 27　鸭病毒性肿头出血症

卵巢变形、变色、出血。（蒋文灿）

【诊断要点】发病鸭不分年龄、品种，高发病率达90%～100%，高死亡率达40%～80%；部分鸭明显肿头；头颈部皮下及腹部皮下大量胶样浸润物；食道出血、坏死及假膜；鸭瘟疫苗紧急预防无效。

【防治措施】不从病鸭场引进鸭苗；加强鸭场平时的消毒、隔离等综合性防治措施；可用鸭病毒性肿头出血症蜂胶灭活疫苗或本场病死鸭肝脏紧急制苗防治；发病时可用抗病毒药物及中药治疗，并辅以敏感抗菌药物控制继发感染。

【诊疗注意事项】诊断应注意与鸭瘟相鉴别，其鉴别要点主要有两方面，一是发病年龄，该病各种年龄鸭均可发病，而鸭瘟多见于成年鸭发病；二是肠道出血性变化，该病肠道出血性变化不明显，而鸭瘟常见肠道广泛出血及肠道环状出血带。

鸭禽流感

【病原】鸭流感即鸭流行性感冒，由正黏病毒科流感病毒属A型流感病毒高致病性毒株引起的高致死性烈性传染性疾病。H5N1亚型流感毒株对各种日龄和各种品种的鸭群均具有高度致病性，雏鸭、番鸭发病率可高达100%，死亡率也可达90%以上，产蛋种鸭发病率近100%，产蛋率严重下降，蛋质量差，易继发其它疾病感染，死亡率40%～80%不等。本病可通过呼吸道、消化道、损伤皮肤和眼结膜等途径传播。

【典型症状与病变】患鸭腿软无力，眼鼻流液，多有呼吸道症状，排白色或带淡黄绿色水样稀粪，鸭蹼充血、出血。剖检见皮下充血、伴有散在性出血点。特征性病变见于胰腺和心肌。胰腺充血、出血，散在有灰白色坏死点（图28）；心包常见积液，心肌颜色变淡，见有灰白色条状坏死（图29至图31），心内膜有条状出血。

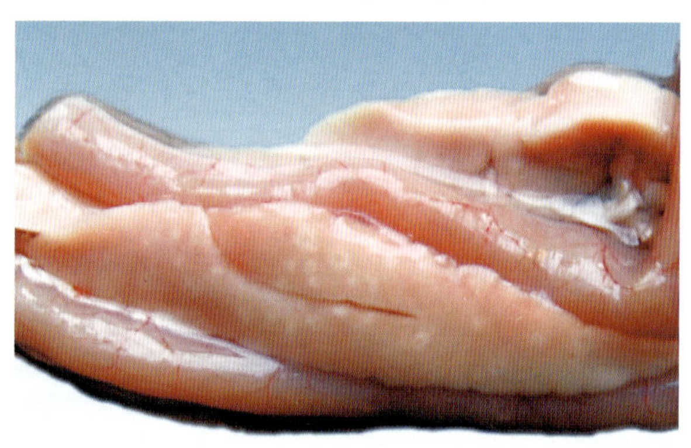

图28　鸭禽流感

胰腺灰白色坏死灶。（刘思当）

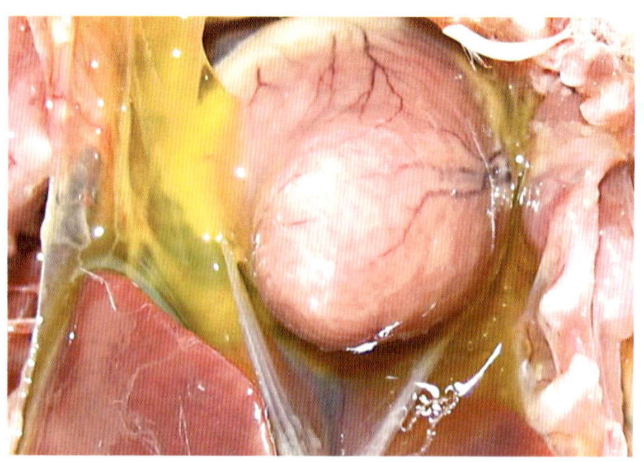

图29　鸭禽流感

心肌坏死、心包积液。（刘思当）

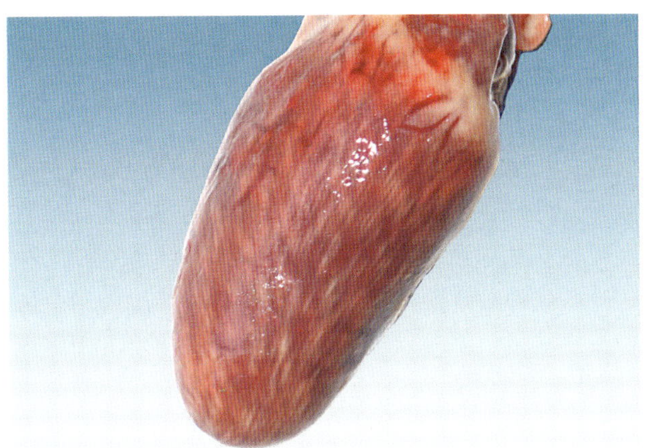

图 30　鸭禽流感

心肌条纹状坏死（虎斑心）。　　（刘思当）

图 31　鸭禽流感

心肌条纹状坏死（虎斑心）。　　（刘思当）

【诊断要点】根据流行病学、典型症状与病变可做出初步诊断。病变以胰腺灰白色坏死点、心肌灰白色条状坏死最具特征。值得注意的是免疫鸭群发病已呈非典型化趋势，加之并发细菌感染或混合性病毒感染，并且与禽的许多疾病症状相似，必须根据病毒分离鉴定与血清学试验结果方可作出确诊。

【防治措施】禽流感属动物A类传染性疾病，一旦发现可疑病例，确诊前可先投服抗病毒性药物和预防细菌继发感染的药物（如环丙沙星和阿莫西林)，应迅速上报畜牧兽医行政主管部门，尽快做出确切诊断，一旦确诊，对疫区采取严格的隔离、封锁、扑杀、消毒、焚烧等综合防制措施，做到“早、快、严”，使疫情得以扑灭。

平时加强免疫是防制该病的根本方法，商品肉鸭在5～7日龄时颈部皮下免疫接种H5油苗；商品蛋鸭在5～7日龄时颈部皮下接种H5油苗首免，50日龄进行二免，在产蛋前进行三免；种鸭群除参考商品蛋鸭的免疫程序外，开产高峰后3个月再加强免疫一次。另外，完善的生物安全体系、注意卫生消毒、加强饲养管理是防制该病的重要组成部分。

【诊疗注意事项】 临床上注意与鸭瘟、雏鸭传染性肝炎作鉴别诊断。

鸭巴氏杆菌病

【病原】 鸭巴氏杆菌病，又称禽霍乱，是由多杀性巴氏杆菌引起的一种接触性传染病。多杀性巴氏杆菌为卵圆形的短小杆菌，大小为(0.2～0.4)微米×(0.6～2.4)微米，革兰氏染色阴性，无鞭毛，不能运动、不形成芽孢。

【典型症状与病变】 临床上急性型多见，以突然发病、下痢、败血症及高死亡率为特征。剖检变化特征为全身浆膜、黏膜点状出血(图32)，

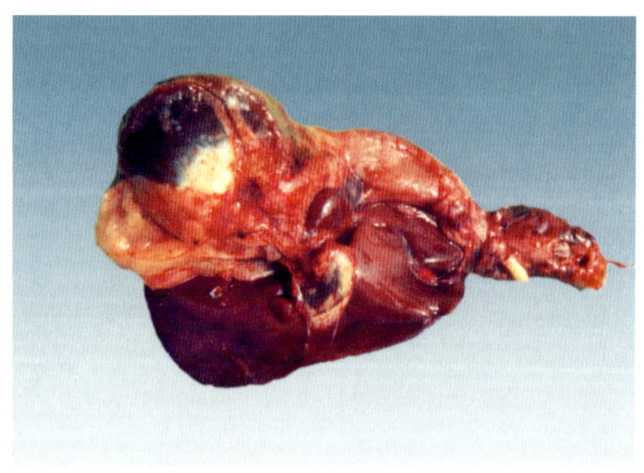

图32　鸭巴氏杆菌病

浆膜出血呈斑点状。　　(崔恒敏)

局灶性坏死性肝炎（图33和图34）、出血性十二指肠炎（图35），心外膜、心冠状沟密集出血斑点（图36），肺脏淤血、水肿。

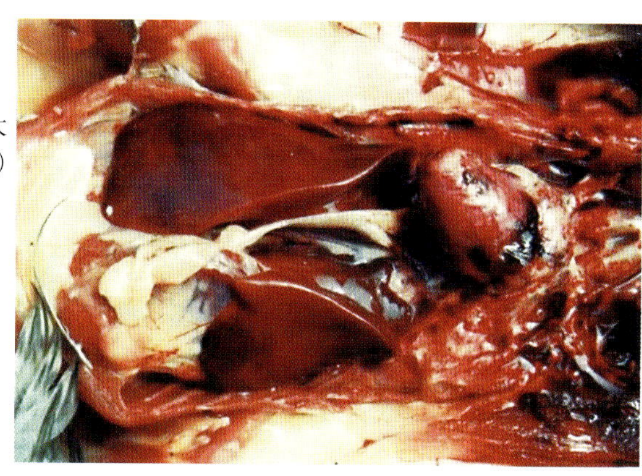

图33　鸭巴氏杆菌病

肝肿大，表面密布大量针尖大小的灰黄色坏死灶。（崔恒敏）

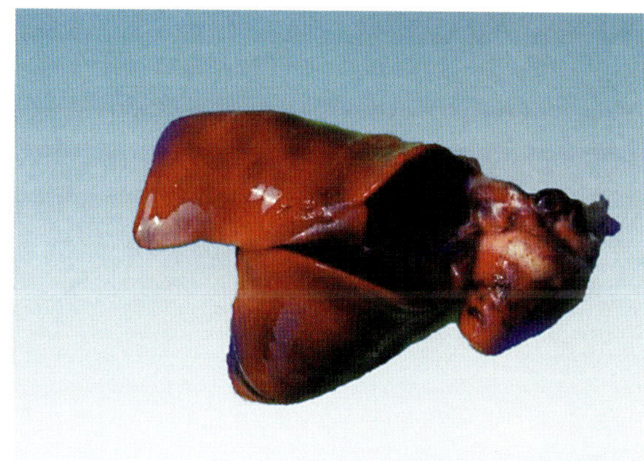

图34　鸭巴氏杆菌病

肝肿大，表面密布大量针尖大小的灰黄色坏死灶，心外膜出血。（崔恒敏）

图35　鸭巴氏杆菌病

肠浆膜充血、出血。十二指肠黏膜肿胀、出血。（崔恒敏）

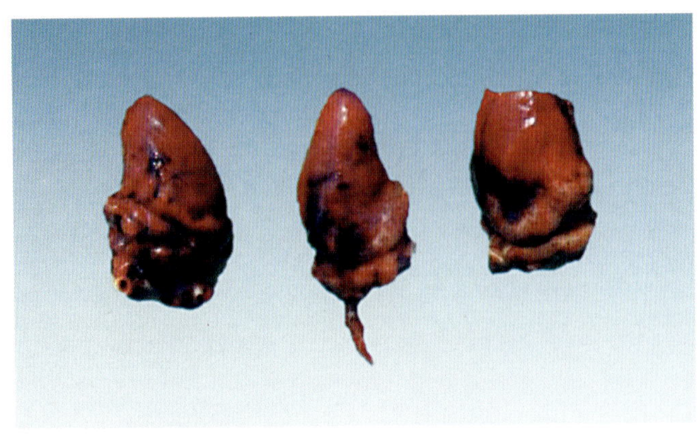

图 36 鸭巴氏杆菌病

心外膜的出血斑点。（崔恒敏）

【诊断要点】根据典型剖检病变即可做出初步诊断。确诊需作细菌的分离鉴定。

【防治措施】①加强饲养管理，严格消毒制度。②做好免疫预防接种。③发病后在病鸭饲料中拌入0.5%～10%的磺胺噻唑或磺胺二甲基嘧啶；或肌注20%的磺胺噻唑钠0.5毫升/千克体重或20%的磺胺二甲基嘧啶注射液，每天2次，连用3～5天。肌注土霉素25毫克/千克体重或口服40毫克，每天1次,连用3～4天。

【诊疗注意事项】临床上注意与鸭瘟作鉴别诊断。

鸭疫里默氏杆菌病

【病原】鸭疫里默氏杆菌病，又称鸭传染性浆膜炎，是由鸭疫里默氏杆菌引起的鸭的一种急性或慢性败血性传染病。鸭疫里默氏杆菌，为革兰氏阴性短杆菌，不形成芽孢，无运动性，瑞氏染色两极着染稍深，该菌共有21个血清型。本病主要侵害1～8周龄的小鸭。

【典型症状与病变】病鸭缩颈流泪（图37），常呈犬坐姿势，进而出现共济失调。剖检变化以纤维素性心包炎、肝周炎或气囊炎为特征（图38和图39）。

图 37　鸭疫里默氏杆菌病

病鸭眼周围羽毛粘连脱落。（崔恒敏）

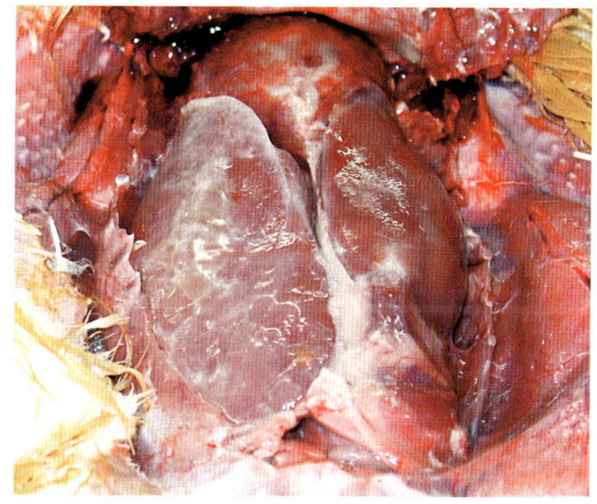

图 38　鸭疫里默氏杆菌病

纤维素性肝周炎。（崔恒敏）

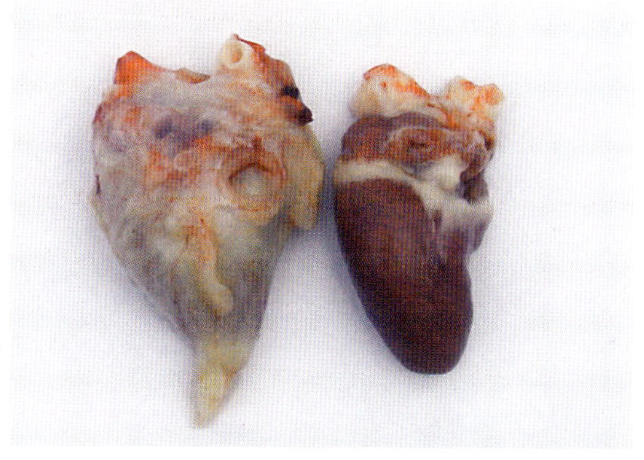

图 39　鸭疫里默氏杆菌病

纤维素性心包炎。右为正常对照。（崔恒敏）

【诊断要点】根据该病典型的剖检病理变化，结合临床症状和流行病学特点，可做出初步诊断。确诊需进行细菌的分离鉴定。

【防治措施】保持良好的育雏环境、合理的饲养密度和适宜的温度，注意通风良好，防止潮湿，勤换垫草，采用“全进全出”的饲养方法。做好免疫预防接种。发病后可用抗菌素类药物进行治疗，预先作药敏试验，选用敏感的抗菌药物。

【诊疗注意事项】临床上注意与鸭大肠杆菌病和衣原体感染等疫病作鉴别诊断。

鸭大肠杆菌病

【病因】鸭大肠杆菌病是由大肠埃希氏菌的某些血清型所引起的一类疾病的总称。各种日龄的鸭均可感染，以幼鸭最易感。本病既可原发，也常作为某些传染病的并发或继发性疾病。

【典型症状与病变】本病多见于2 ～ 9周龄的鸭，临床症状多样，主要表现为喜卧、排白色、黄绿色或绿色稀便，肛周羽毛被污染（图40）。剖检常见肝脏肿大、色黄和出血（图41）；心包积液或纤维素性心包炎、

图40　鸭大肠杆菌病

病鸭腹泻。　（岳华，汤承）

气囊炎、肝周炎（图42至图45）。雏鸭可见脐炎，脐孔周围皮肤发炎，闭合不全，卵黄吸收不良（图46）；产蛋鸭可见卵巢炎、卵黄性腹膜炎，输卵管炎，严重者输卵管内有干酪样坏死物（图47和图48）。局部感染还可造成肉芽肿及皮下蜂窝织炎（图49）。

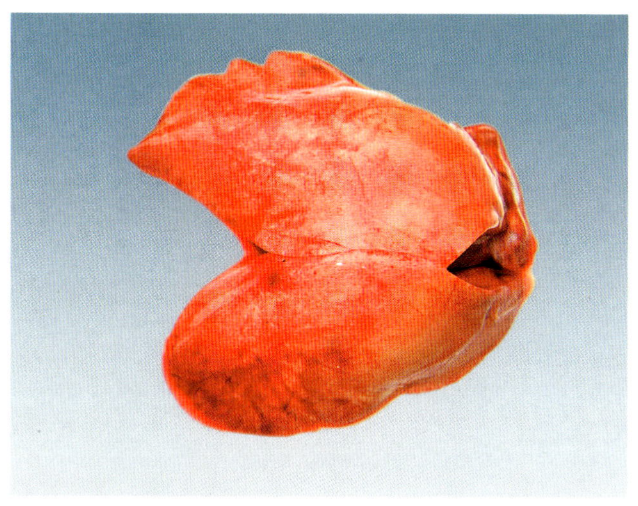

图41　鸭大肠杆菌病

肝脏肿大、色黄、出血。（岳华，汤承）

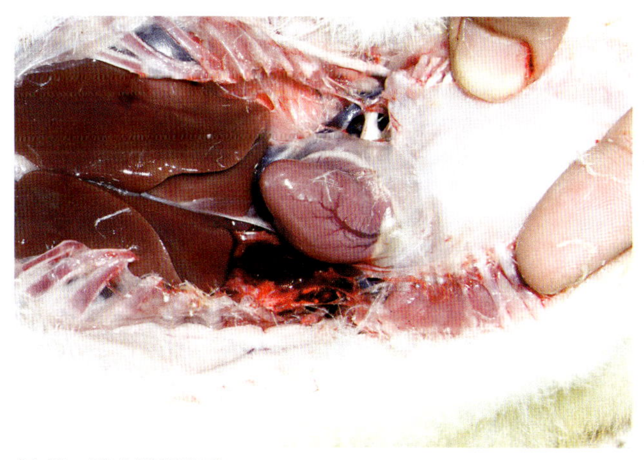

图42　鸭大肠杆菌病

肝脏肿大淤血、心包积液。（岳华，汤承）

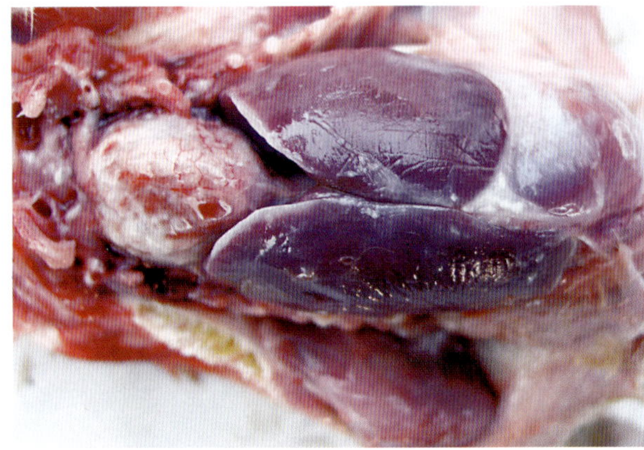

图 43 鸭大肠杆菌病

纤维素性心包炎和纤维素性肝周炎。 （胡薛英）

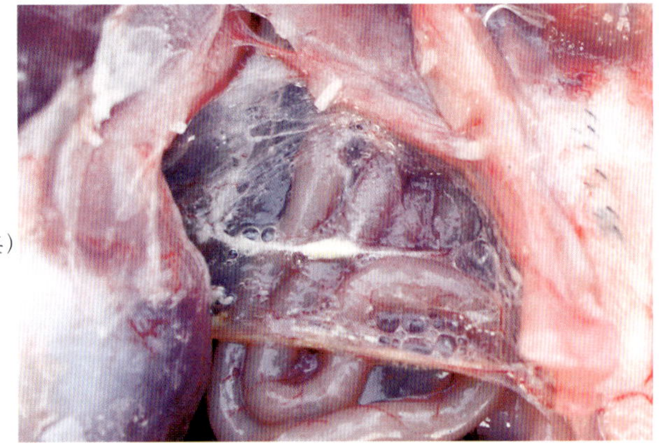

图 44 鸭大肠杆菌病

纤维素性气囊炎。

（胡薛英）

图 45 鸭大肠杆菌病

纤维素性气囊炎。

（岳华，汤承）

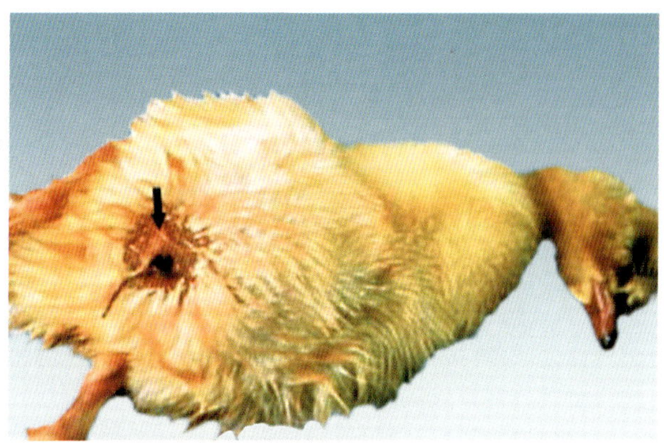

图 46　鸭大肠杆菌病

雏鸭脐孔周围皮肤红肿、发炎。　（岳华，汤承）

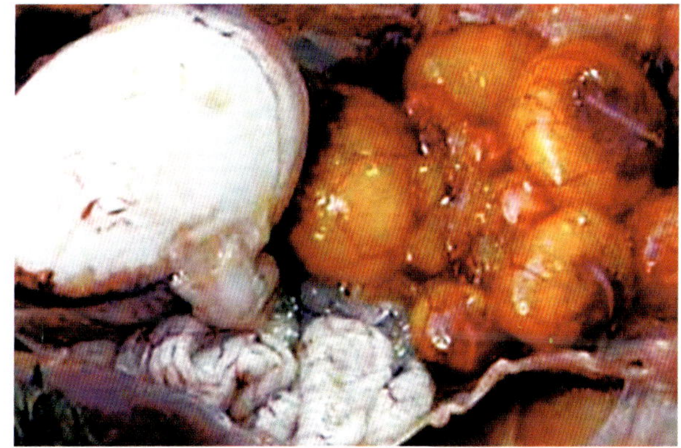

图47　鸭大肠杆菌病

产蛋鸭卵巢炎，卵泡变形、破裂。（岳华，汤承）

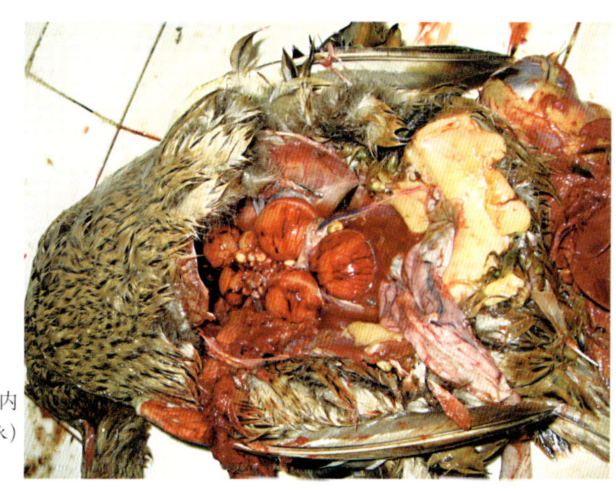

图 48　鸭大肠杆菌病

卵泡充血、出血，腹腔内有血性渗出。（岳华，汤承）

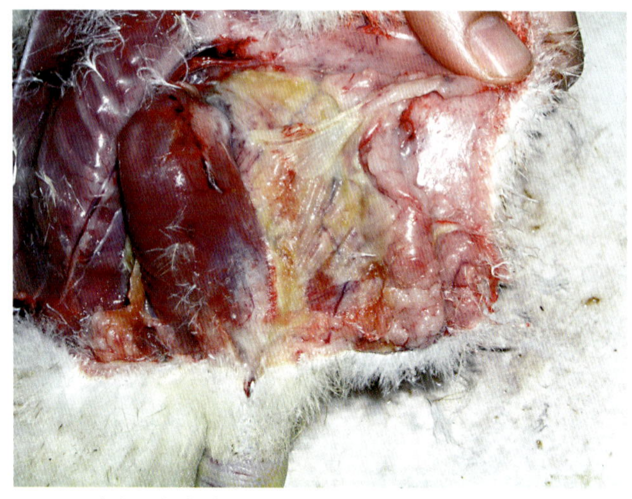

图 49 鸭大肠杆菌病

腿部皮下蜂窝织炎。（岳华，汤承）

【诊断要点】根据流行病学资料，气囊炎、肝周炎、心包炎、卵黄性腹膜炎等典型的病理剖检变化可做出初步诊断。确诊需进行大肠杆菌的分离鉴定。

【防治措施】禽大肠杆菌病血清型众多，疫苗免疫效果不理想。应加强饲养管理，定期消毒，消除本病诱因，如饲养密度过大、通风不良等，可有效降低本病发病率。发病鸭群可用广谱抗菌药物如氟苯尼考、新霉素、磺胺、诺氟沙星等进行治疗。

【诊疗注意事项】本病临床表现复杂，注意与鸭疫里默氏菌病的鉴别诊断。若为并发或继发症，应在治疗大肠杆菌病的同时，积极治疗原发病或并发病。因耐药菌株的普遍存在，最好根据药敏试验结果确定用药，才能取得满意疗效。

鸭副伤寒

【病因】鸭副伤寒是由沙门氏菌引起的雏鸭急性传染病，主要危害1月龄内的幼鸭，可引起雏鸭的大批死亡，成鸭则为慢性或隐性感染。

【典型症状与病变】卵内或孵化器内感染者多在一周内死亡。最急性经过的雏鸭，一般看不到症状突然死亡；病程稍长可见病鸭精神不振，被毛逆立，排白色水样粪便（图50）。剖检时主要表现为肝肿大，色暗红与黄白相间，并散在有灰白色坏死点或出血点（图51和图52）；肠道黏膜出血、坏死（图53），盲肠膨大、内有干酪样栓子；肾脏、肺脏出血（图54）；卵黄吸收不良。

图50 鸭副伤寒

病鸭排白色稀便，肛周羽毛被污染。（岳华，汤承）

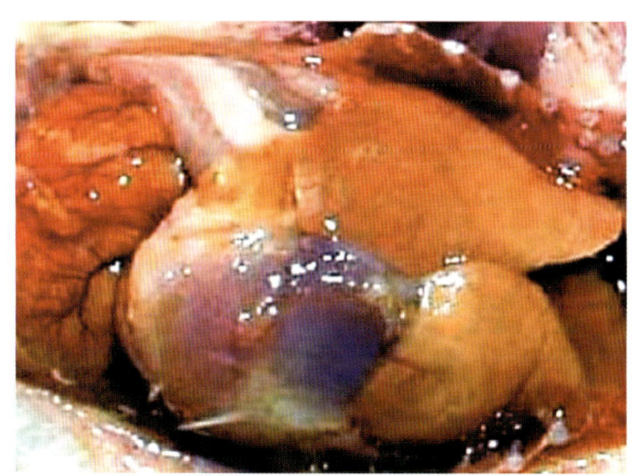

图51 鸭副伤寒

肝脏色黄，卵黄吸收不良。（岳华，汤承）

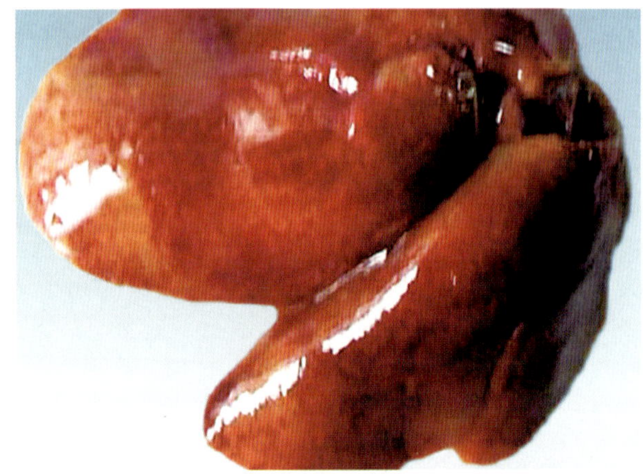

图 52　鸭副伤寒
肝脏暗红色与黄白色相间，且见出血点。
（岳华，汤承）

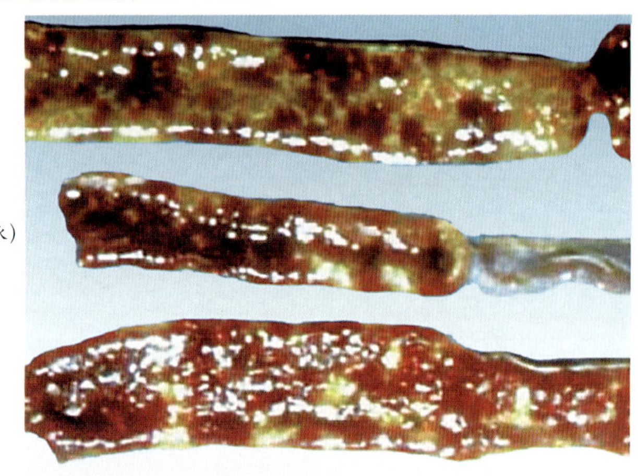

图 53　鸭副伤寒
肠黏膜出血、坏死。
（岳华，汤承）

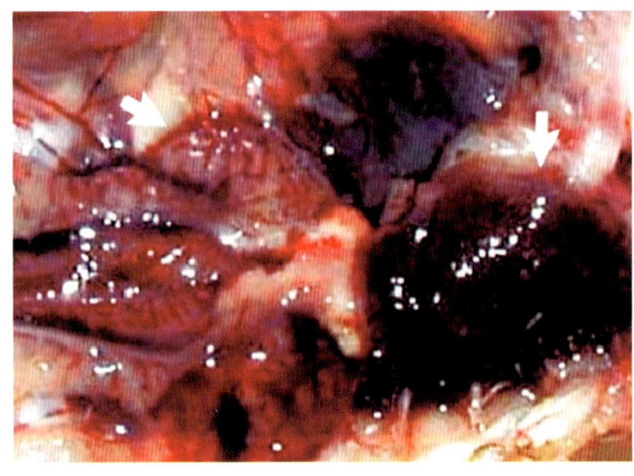

图 54　鸭副伤寒
肾脏、肺脏肿大出血。
（岳华，汤承）

【诊断要点】根据病鸭的年龄和肝脏、盲肠的特征病变可做出初步诊断。确诊需作细菌的分离鉴定。

【防治措施】加强饲养管理，定期消毒；加强种鸭沙门氏菌的检疫和种蛋的消毒。发病鸭群可用广谱抗菌药物如氟苯尼考、新霉素、诺氟沙星等进行治疗。

【诊疗注意事项】由于耐药菌株的普遍存在，最好根据药敏试验结果确定用药，才能取得满意疗效。

鸭链球菌病

【病原】鸭链球菌病是鸭的一种急性败血性或慢性传染病。鸭链球菌圆形或卵圆形，常排列呈链状，革兰氏阳性，多数无鞭毛，溶血直径0.5～1.0微米。

【典型症状与病变】临床上表现为急性和亚急性/慢性两种病型。急性病程1～5天，主要表现为败血症症状，病禽腹泻，濒死期见有痉挛症状或角弓反张。剖检见肝脏肿大变性（图55）、脾脏坏死、心肌出血（图56），纤维素性心包炎、肝周炎、气囊炎及心内膜炎。亚急性/慢性型可表现为多种形式，以肠道出血多见（图57和图58）。

【诊断要点】在临床症状和剖检病变观察的基础上，需结合细菌的分离鉴定方能做出诊断。

【防治措施】发病鸭及可疑鸭用恩诺沙星饮水，按0.005%浓度配制，连用3～5天；或每日肌注硫酸庆大霉素115万国际单位/羽，连续5天；或用磺胺嘧啶拌料，按0.02%浓度拌料饲喂，连用3～5天。

本病目前尚无疫苗，防制措施的关键是减少应激因素的影响，精心饲养、加强管理，搞好卫生消毒措施，消除一切可能出现或存在的应激因素，防止诱发本病。

【诊治注意事项】平时应适当合理地进行药物预防，为防止细菌产生耐药性，可根据药敏试验结果选取2种以上高敏药物交替使用。临床上注意与鸭大肠杆菌病、传染性浆膜炎等疫病作鉴别诊断。

图 55　鸭链球菌病
肝脏肿大、淡黄色。（谷长勤）

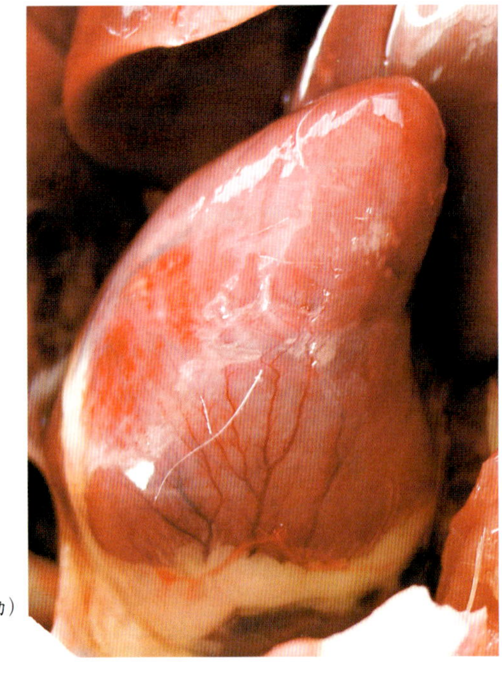

图 56　鸭链球菌病
心肌出血斑。（谷长勤）

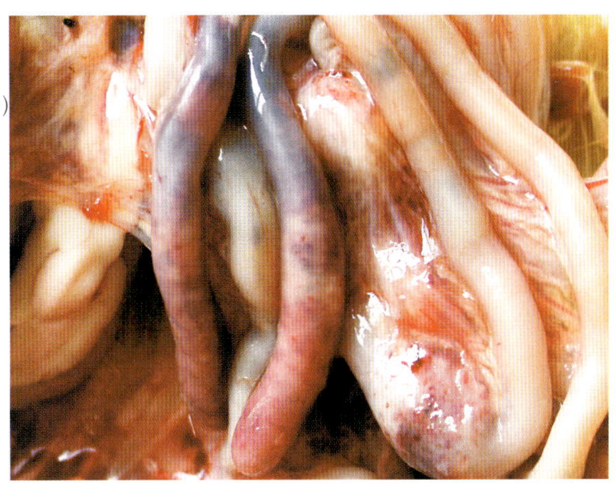

图57　鸭链球菌病
盲肠出血。　（谷长勤）

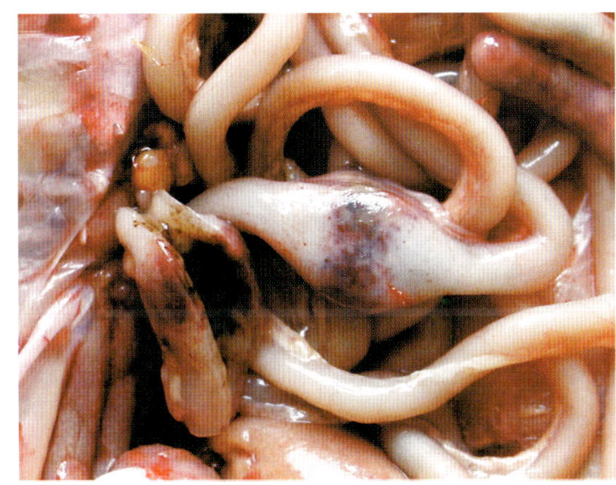

图58　鸭链球菌病
小肠局灶性增粗，肠壁出血。
（谷长勤）

鸭丹毒

【病因】鸭丹毒是由猪丹毒丝菌引起的一种急性传染病，主要通过伤口感染，多为散发，各种日龄的鸭均可感染，2～3周龄雏鸭多发。

【典型症状与病变】病鸭精神沉郁，嗜睡，衰弱，步态不稳（图59），腹泻和猝死。感染部位皮肤呈现不规则的红斑和水肿，心外膜下点状出血，特别是冠状沟和纵沟部位较多见（图60）；肝脏肿大质脆，色黄呈斑驳状，表面见有针尖大小的米黄色坏死灶（图61）；脾脏肿胀，质地脆弱，呈紫黑色。

图59　鸭丹毒

病鸭衰弱，步态不稳。

（岳华，汤承）

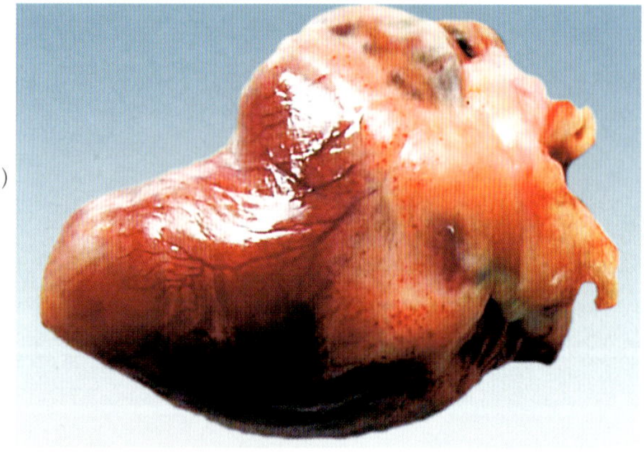

图60　鸭丹毒

心冠状沟点状出血。

（岳华，汤承）

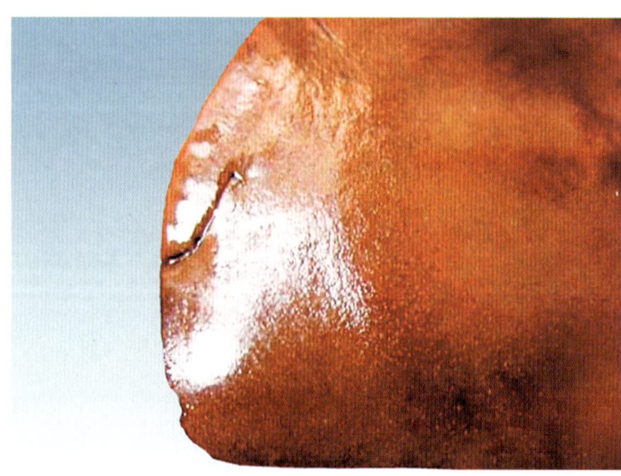

图61　鸭丹毒

肝脏表面针尖大小的米黄色坏死灶。（岳华，汤承）

【诊断要点】根据感染部位皮肤呈现不规则的红斑和水肿，心外膜点状出血、肝脾肿大、出血和坏死等剖解特征可做出初步诊断，确诊需结合细菌学检查的结果判定。

【防治措施】保持圈舍干燥卫生，不喂不洁的鱼及其下脚料。病鸭用长效青霉素治疗，效果最好，也可用庆大霉素、土霉素、磺胺类药物进行治疗。

【诊疗注意事项】本病眼观病变与禽霍乱有相似之处，注意与之鉴别。

种鸭坏死性肠炎

【病因】种鸭坏死性肠炎是种鸭的一种致死性疾病，病因尚不清楚，多认为是由魏氏梭菌引起。本病四季均可发生，免疫接种、转群、天气剧变或长期使用抗菌药物等应激情况下更易诱发本病。

【典型症状与病变】急性病例常不见任何症状突然倒毙（图62）。病变主要见于肠道，肠管膨胀、变黑，早期主要见于后段肠管，病程稍长

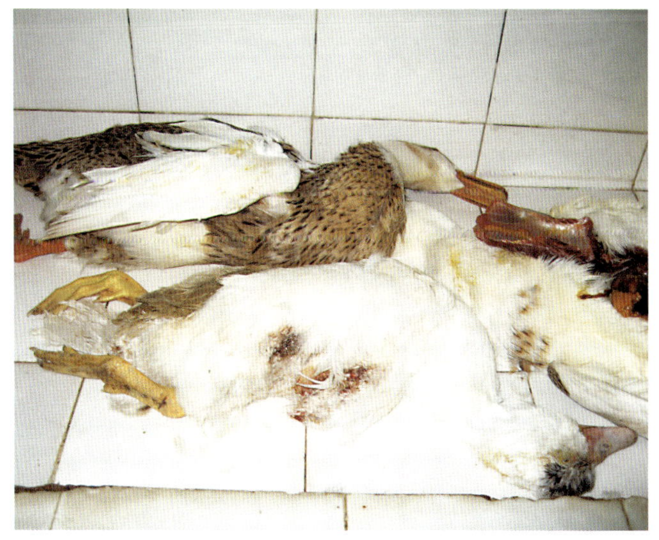

图62　种鸭坏死性肠炎

急性病例常突然倒毙。　（岳华，汤承）

可全肠变黑，肠内容物呈棕黄色或污黑色，后期回肠和盲肠黏膜可见黄白色纤维素样坏死性假膜（图 63 至 图 68）；腹腔内有污秽、恶臭的炎性渗出物（图 69）。产蛋鸭卵巢发炎，卵泡变形、变色、充血、出血，输卵管黏膜严重出血、坏死，内有污秽的干酪样坏死物（图 70 至图 73）。

图 63 种鸭坏死性肠炎

肠管膨胀、色黑，失去光泽和弹性。（岳华，汤承）

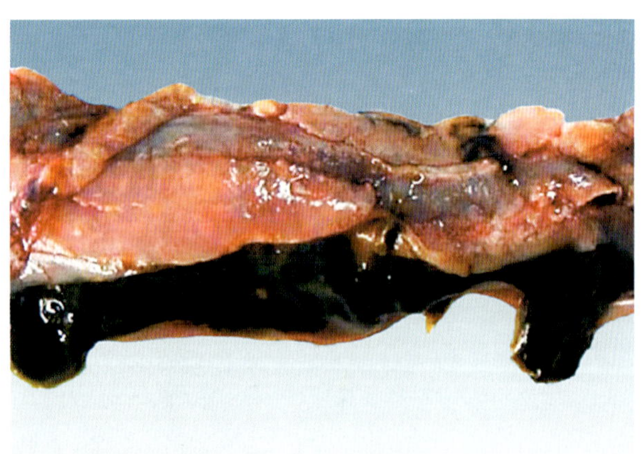

图 64 种鸭坏死性肠炎

胰腺充血、出血，肠内容物污秽发黑。（岳华，汤承）

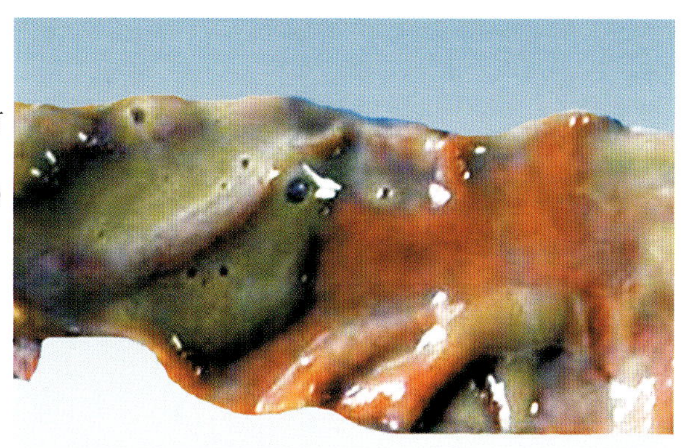

图 65　种鸭坏死性肠炎

小肠黏膜充血，表面附有灰绿色内容物。

（岳华，汤承）

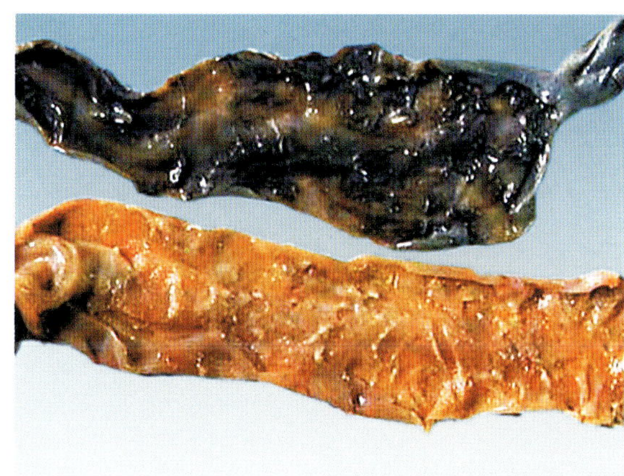

图 66　种鸭坏死性肠炎

空肠、盲肠黏膜坏死。

（岳华，汤承）

图 67　种鸭坏死性肠炎

回肠和盲肠黏膜的黄白色纤维素样坏死性假膜。

（岳华，汤承）

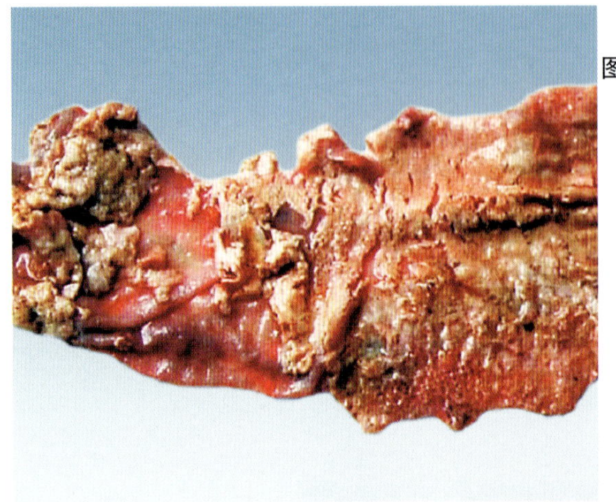

图 68 种鸭坏死性肠炎
肠黏膜坏死、脱落。
（岳华，汤承）

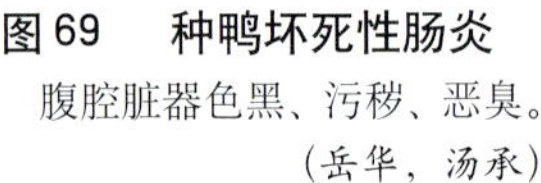

图 69 种鸭坏死性肠炎
腹腔脏器色黑、污秽、恶臭。
（岳华，汤承）

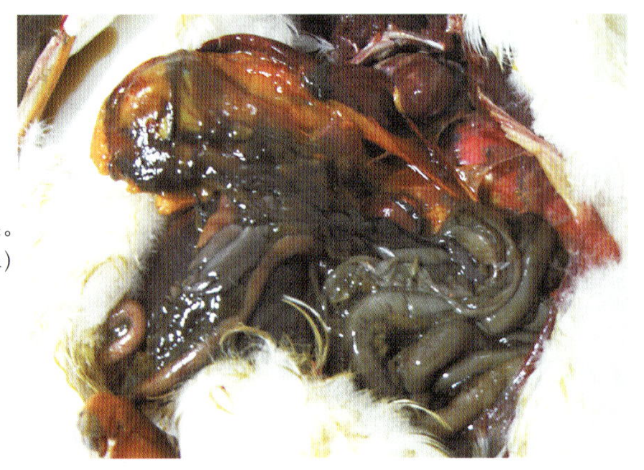

图 70 种鸭坏死性肠炎
卵泡膜充血、出血。
（岳华，汤承）

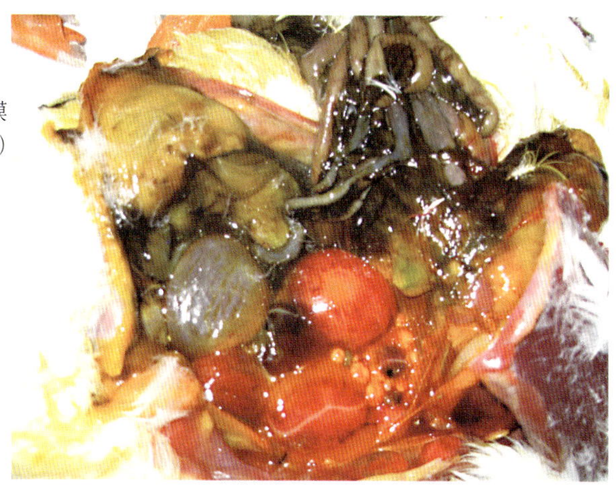

图 71　种鸭坏死性肠炎

卵泡破裂，呈卵黄性腹膜炎。（岳华，汤承）

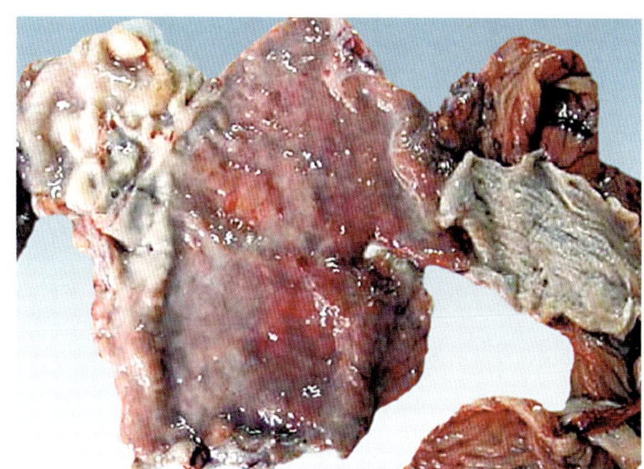

图 72　种鸭坏死性肠炎

输卵管黏膜出血、坏死。（岳华，汤承）

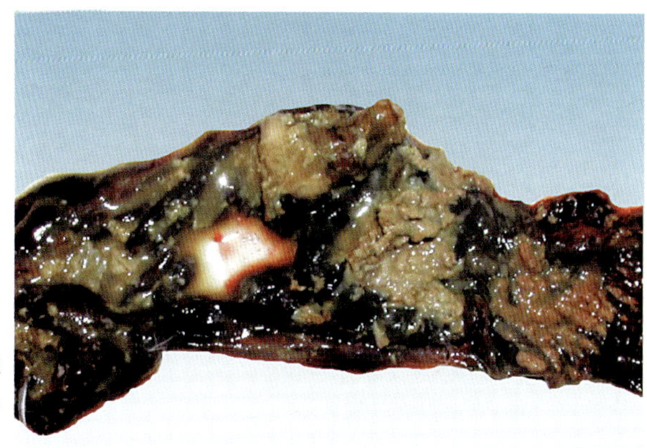

图 73　种鸭坏死性肠炎

输卵管内的灰黄色干酪样坏死物。（岳华，汤承）

【诊断要点】根据应激史和肠道的典型剖检变化可做出诊断。

【防治措施】加强饲养管理，改善环境卫生，尽量减少应激。疫苗接种或天气剧变时可使用抗应激药物预防。病鸭可用头孢类、新霉素、红霉素、土霉素等广谱抗菌药物治疗，配合抗应激药物使用，能取得良好疗效。

鸭结核病

【病原】鸭结核病是由禽结核分枝杆菌引起的一种慢性接触性传染病，主要发生于种鸭。禽结核分枝杆菌呈杆状，多数菌体末端为圆形，菌体的长度为1～3微米；不形成芽孢，无运动性；耐酸。

【典型症状与病变】临床上无特征性的症状。病情严重时，消瘦、贫血、产蛋量降低或停产。剖检见内脏器官出现针尖样到豌豆样大小的单个或弥散性的黄灰色干酪样结核结节。肝、脾是最易受侵害的器官，肺、肾和肠道也常有发生（图74和图75），偶见心肌或气囊（图76）。镜下可见典型的结核结节（图77）。

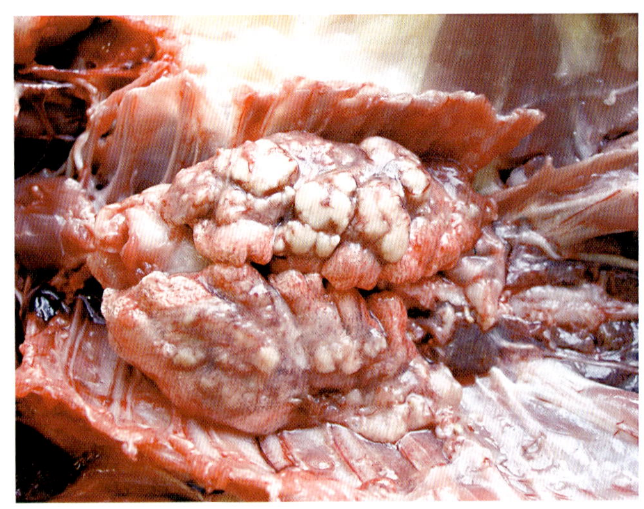

图74　鸭结核病

肺脏的白色结核结节。（周诗其）

图 75 鸭结核病
肾脏的白色结核结节。
（周诗其）

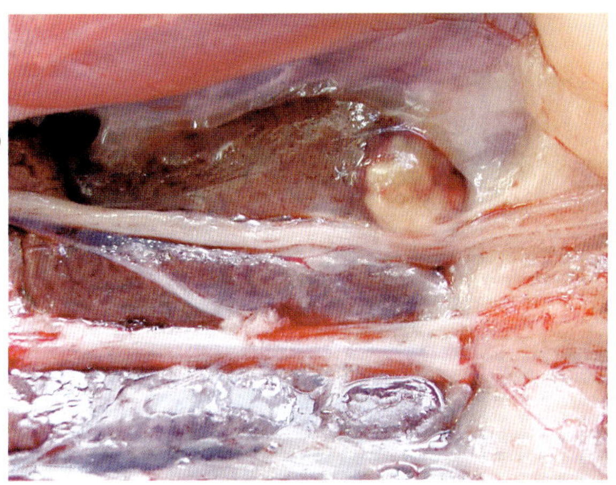

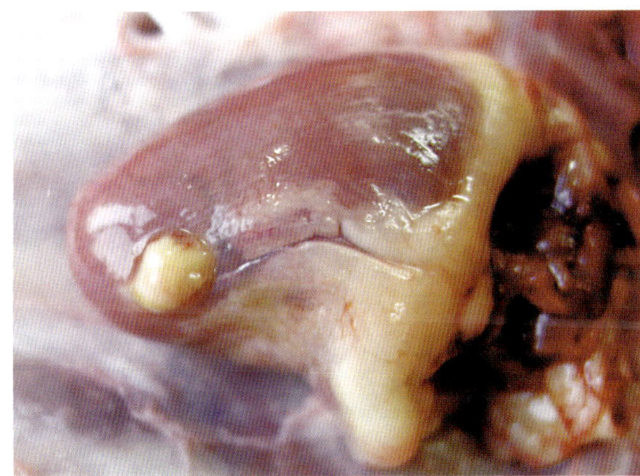

图 76 鸭结核病
心肌的白色结核结节。
（周诗其）

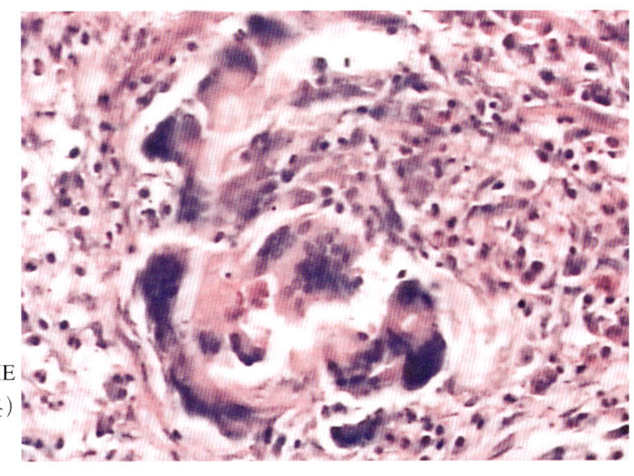

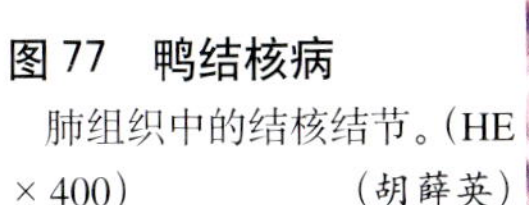

图 77 鸭结核病
肺组织中的结核结节。（HE ×400） （胡薛英）

【诊断要点】根据肉眼和光镜下结核结节典型病变即可做出诊断，必要时可作病变组织切片抗酸染色。

【防治措施】对病鸭群要隔离饲养，及时淘汰。焚烧病死鸭；妥善处理粪便，严格消毒。附近池塘或水面受结核杆菌污染后，严禁鸭群放牧。雏鸭群饲养场地要远离种鸭群，培育无结核病的鸭群。对养殖场新引进的鸭，要通过结核菌素试验或血凝抑制试验等方法，进行结核病检疫。

发病后可用硫酸链霉素按每1 000千克饲料加入13 ~ 55克混饲，连续使用8个月以上。也可使用异烟肼、乙二胺二丁醇等药物予以治疗。

【诊疗注意事项】临床上注意与肿瘤、伪结核作鉴别诊断。

鸭传染性窦炎（鸭支原体病）

【病因】鸭传染性窦炎是由支原体感染主要危害雏鸭的一种呼吸道传染病，成年鸭也可发生，特征是眶下窦肿胀，充满浆液—黏液或干酪样渗出物。7～15日龄的雏鸭最易感。

【典型症状】病鸭打喷嚏，从鼻孔中流出浆液性或黏液性渗出物，在鼻孔周围形成结痂（图78）。部分病鸭呼吸困难，频频摇头（图79）。发

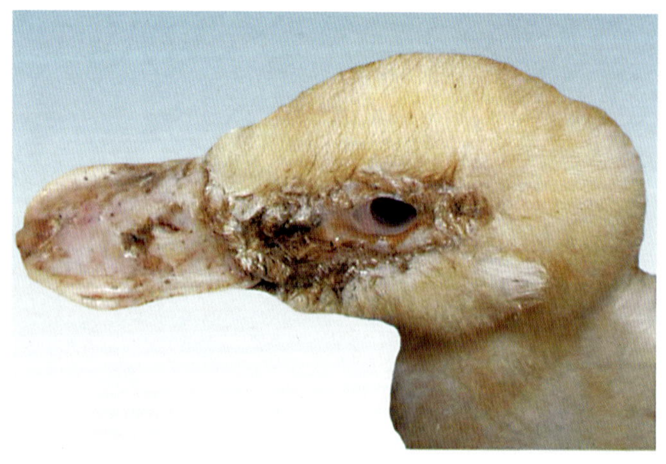

图78　鸭传染性窦炎

眼鼻中流浆液性或变成黏液性渗出物。（岳华，汤承）

病后期，眶下窦积液，一侧或两侧肿胀（图 80），按压无痛感，一般保持10～20天不散。剖检见呼吸道黏膜出血，眶下窦内积有大量干酪样渗出物（图 81）。

图 79　鸭传染性窦炎
病鸭呼吸困难。（岳华，汤承）

图 80　鸭传染性窦炎
眶下窦出现无痛性肿胀。
（岳华，汤承）

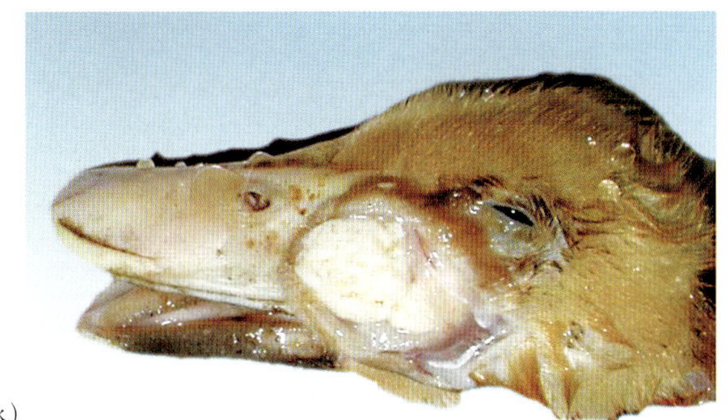

图 81　鸭传染性窦炎
灰白色干酪样渗出物。
（岳华，汤承）

【诊断要点】根据病鸭眶下窦显著肿大等可做出初步诊断，结合病原分离鉴定结果可确诊。

【防治措施】加强饲养管理，注意保持合理饲养密度、良好的通风及相对恒定的圈舍温度，能有效预防本病发生。支原净或泰乐菌素等药物对本病有良好的防治效果。

鸭肉毒梭菌毒素中毒

【病因】本病由肉毒梭菌C型毒素引起的中毒性疾病，又称“软颈病”，多发生在气温较高的夏秋季节，多见于放牧鸭，常因食入腐败的鱼类或其他动物尸体而发病。

【典型症状】急性中毒，表现为全身痉挛、抽搐（图82），随即死亡。慢性中毒则表现为反应迟钝，颈部麻痹（图83），头颈无力抬起，紧贴地面，腿部麻痹不能站立，强行驱赶，则呈跳跃式移动（图84），呼吸急促，后期则慢且深，最后因心脏和呼吸衰竭而死。尸体剖检缺乏肉眼可见病变。

图82　鸭肉毒梭菌毒素中毒

急性中毒病鸭平衡失调，站立不稳。（岳华，汤承）

图 83　鸭肉毒梭菌毒素中毒

病鸭头颈麻痹。　　（岳华，汤承）

图 84　鸭肉毒梭菌毒素中毒

病鸭腿麻痹，强行驱赶，呈跳跃性运动。　　（岳华，汤承）

【诊断要点】 根据有采食腐败鱼类或动物尸体的病史，患鸭瘫痪、软颈、翅下垂等特征症状可做出初步诊断。确诊需通过小鼠中和保护试验检测病鸭肠内容物肉毒毒素及其血清型。

【防治措施】 避免鸭接触腐败鱼类和动物尸体，及时清除养殖场内、放牧、运动场所中肉毒梭菌及其毒素的可能来源；不喂腐败饲料及原料等，是预防和控制本病的关键。一旦鸭群发生中毒，尽快注射肉毒梭菌C型抗毒素，效果良好。

鸭曲霉菌病

【病原】鸭曲霉菌病是鸭的一种常见的真菌病，是由烟曲霉菌引起，主要侵害呼吸器官，引起曲霉菌性肺炎，以幼鸭多见。烟曲霉菌丝直径2～3微米，二边平行，有横隔，二分叉分枝结构。

【典型症状与病变】病鸭精神沉郁，有的出现呼吸困难、张口呼吸、咳嗽。剖检见气囊和肺脏上有大小不等的结节（图85），呈灰白色、黄白色或淡黄色，散在分布。有的病例浆膜上可见黄绿色的霉菌团块（图86和图87）。曲霉菌病的组织学病变特征是形成特异性肉芽肿，肉芽肿中心坏死，可见菌丝（图88和图89），外围分布有巨噬细胞、上皮样细胞和异嗜性细胞。

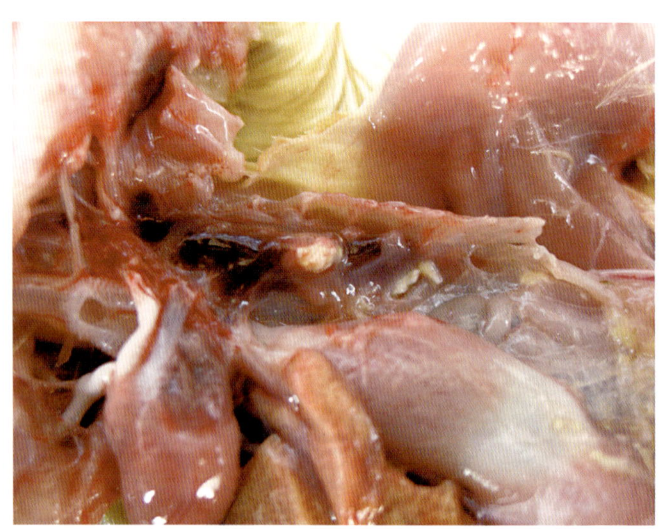

图85　鸭曲霉菌病
肺脏的灰白色曲霉菌结节。　（胡薛英）

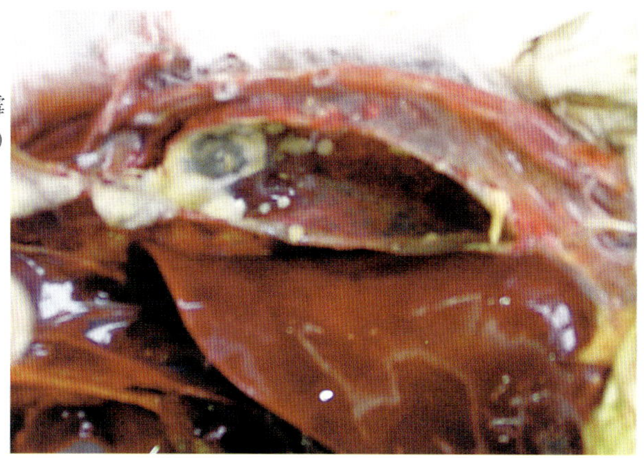

图 86　鸭曲霉菌病

腹腔浆膜的黄绿色曲霉菌块。（胡薛英）

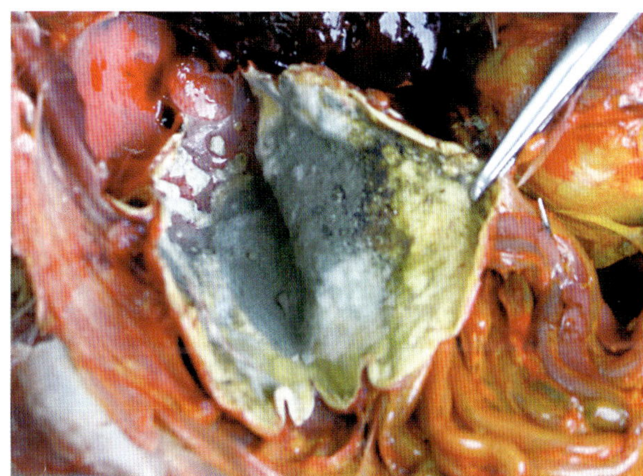

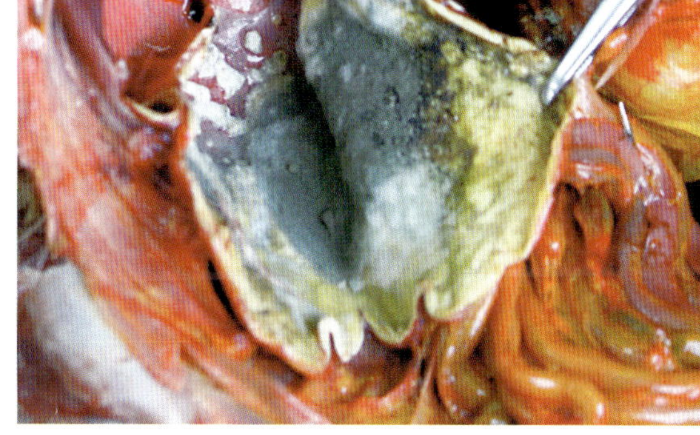

图 87　鸭曲霉菌病

腹腔浆膜的黄绿色曲霉菌块。（胡薛英）

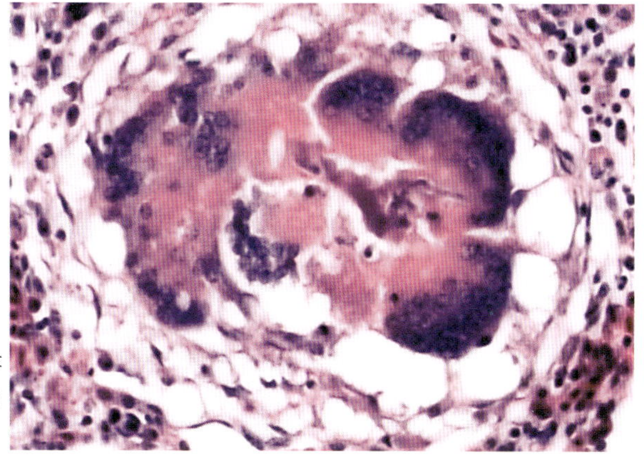

图 88　鸭曲霉菌病

肺组织形成的特异性肉芽肿。（胡薛英）

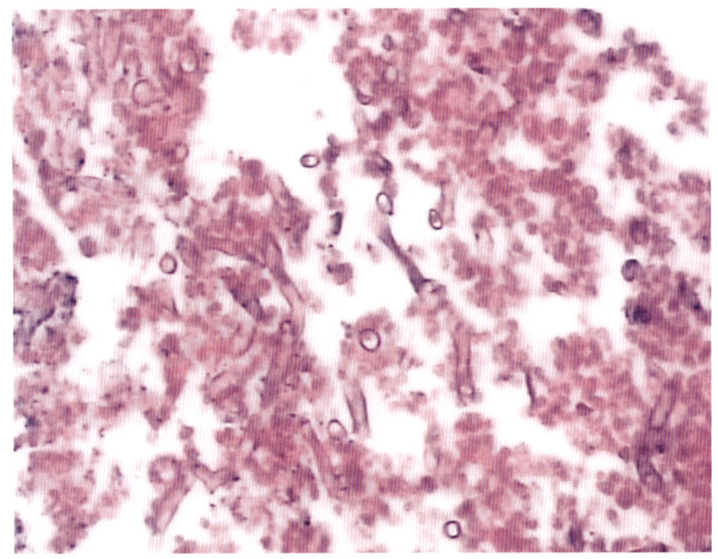

图89　鸭曲霉菌病

气管内的霉菌菌丝及孢子。(HE × 400)　　　　（胡薛英）

【诊断要点】根据流行病学、剖检病变及了解有无接触霉变饲料或垫料，可做出初步诊断。确诊需经实验室诊断。采取病变组织中的结节或病灶，剪碎，放在洁净的载玻片上，滴加20%的氢氧化钾溶液，盖上盖玻片，轻轻挤压后在显微镜下观察，看到有横隔、分枝的菌丝即可确诊。

【防治措施】为防止暴发曲霉菌病，应避免使用霉变的饲料和垫料，保持饲料和垫料的干燥，防止霉变。定期清洗和消毒喂料器具和饮水器，减少发霉，有助于消除感染。加强通风可明显减少鸭舍内空气中的霉菌数量，有助于预防该病。

本病无特效的治疗方法，发病后，首先应更换发霉的饲料或垫料，将未感染鸭转移到干净和通风良好的鸭舍。可以1∶2000至1∶3000的硫酸铜溶液饮水3～4天，但不能常用。用0.5%～1.0%的碘化钾溶液饮水3～4天。制霉菌素、两性霉素B对霉菌有抑制作用。

【诊疗注意事项】鸭曲霉菌病易与鸭结核病混淆，临床鉴别诊断要点在于鸭结核病的结节不仅发生于肺脏，还在其他脏器上发生。确诊必须进行实验室检查。

鸭球虫病

【病因】鸭球虫病是鸭的常见原虫病，由鸭球虫引起。各种日龄鸭均可感染，3～6周龄幼鸭最易感。本病在潮湿多雨的夏季最为严重，而在温暖潮湿的育雏室内，任何季节都可发病。死亡率可达20%～60%。鸭舍潮湿、饲养密度过大、维生素缺乏等是本病的诱因。

【典型症状与病变】急性型球虫病可见贫血，下痢，排出橘红色、咖啡色或血性粪便（图90），迅速死亡。慢性型仅见食欲减少，消瘦，贫血，偶见下痢，最后衰竭死亡。特征性剖检变化为：肠道膨大增粗，充满血性内容物或鲜血，肠黏膜弥漫性出血，多见于盲肠，严重时整个肠道内均充满血性凝栓（图91至图93）。

【诊断要点】根据病鸭排血性粪便，剖检时肠道的特征性病变可做出初步诊断，结合显微镜下发现大量虫体即可确诊。

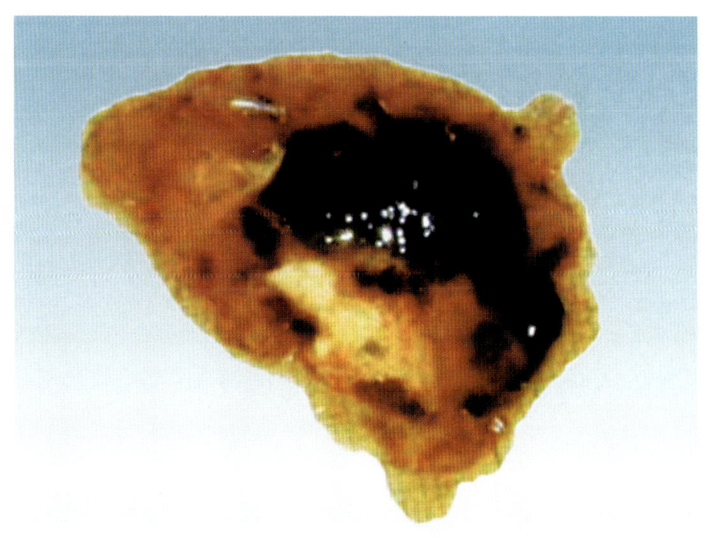

图90　鸭球虫病

病鸭排泻的褐色或血性粪便。（岳华，汤承）

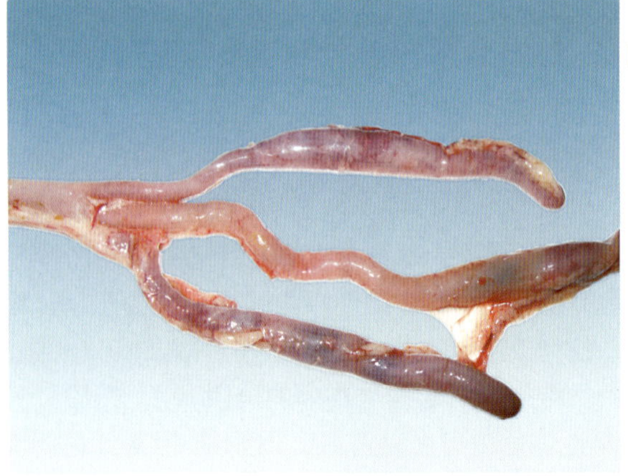

图 91　鸭球虫病
盲肠膨胀。　（岳华，汤承）

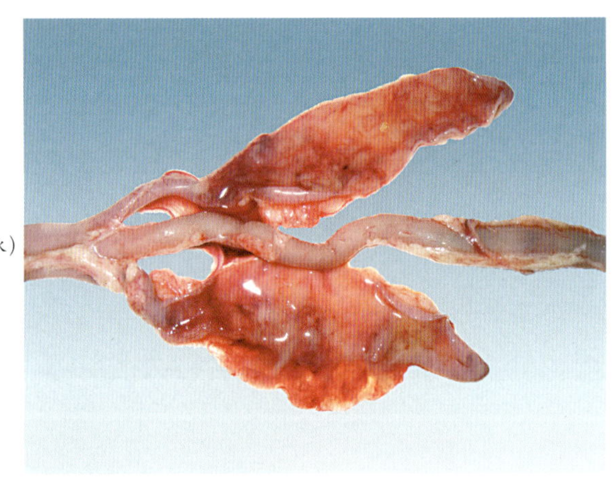

图 92　鸭球虫病
盲肠内充满血性内容物
（岳华，汤承）

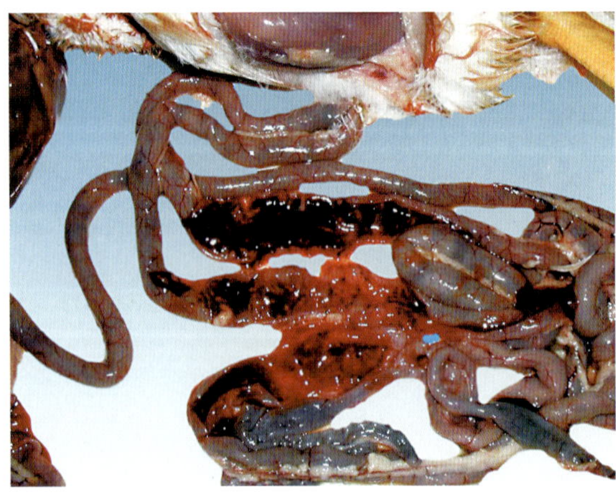

图 93　鸭球虫病
肠管内充满大量血凝块。
（岳华，汤承）

【防治措施】 切断球虫的体外生活链，如保持圈舍通风、干燥和适当的饲养密度，及时清除粪便，定期消毒等，可有效防止本病发生。在球虫高发年龄段，使用敏感抗球虫药物，是本病的重要预防手段。

发病鸭群可使用地克朱利、莫能菌素、磺胺等抗原虫药物进行治疗，急性发病鸭群若同时使用维生素K制止出血，可迅速控制死亡。

【诊疗注意事项】 因球虫易产生耐药性，用药物防治时，应选择敏感药物，并注意交替用药；严格掌握用药剂量，防止球虫药中毒。

鸭胃线虫病

【病因】 鸭胃线虫病是由四棱线虫寄生于鸭胃引起的一种疾病。四棱线虫，虫体雌雄异型，雌虫呈卵圆形，深咖啡色，长3.5～4.5微米×300微米，寄生于腺胃腺窝中，雄虫纤细，游离于腺胃腔中，平时很难发现。

【典型症状与病变】 病鸭表现消瘦、贫血和腹泻。有四棱线虫寄生的腺胃壁出现不均匀的黑色斑点，浆膜面可见虫体寄生部位稍隆起，虫体可从腺窝处被挤出，压破虫体时有血性液体流出（图94至图96）。

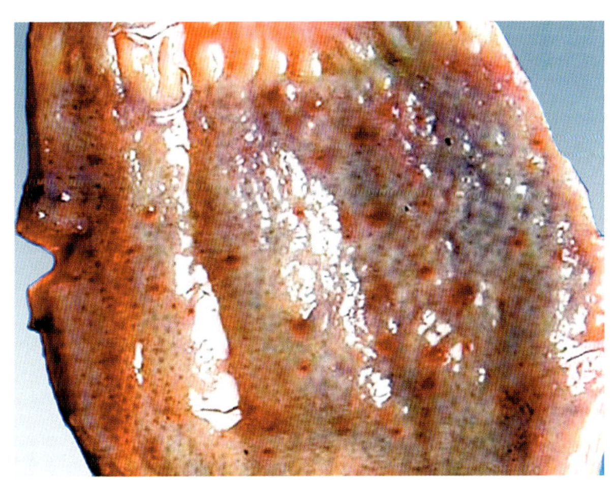

图94　胃线虫病

雌性胃线虫寄生于鸭腺胃腺窝内。（岳华，汤承）

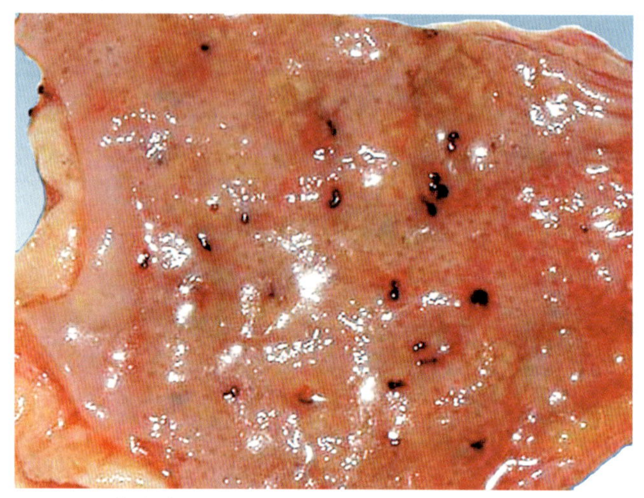

图 95　胃线虫病

雌性胃线虫较小，呈深红色。（岳华，汤承）

图 96　胃线虫病

胃线虫寄生于腺胃壁，黏膜颜色不均。（岳华，汤承）

【诊断要点】根据病鸭表现消瘦、贫血和腹泻等症状结合剖检时腺胃黏膜发现线虫体即可确诊。

【防治措施】平时搞好环境卫生，注意粪便的无害化处理。发病后用左咪唑等驱线虫药治疗可收到良好的效果。

鸭鸟蛇线虫病（鸭丝虫病）

【病原】 鸟蛇线虫病（亦称鸭丝虫病）是龙线科鸟蛇亚科、鸟蛇属的四川鸟蛇线虫和台湾鸟蛇线虫寄生在幼鸭的腭下、后肢等处皮下结缔组织，形成瘤样肿胀为特征的线虫病。

【典型症状】 鸟蛇属线虫以雌虫寄生于鸭的皮下结缔组织，形成瘤样肿胀为主要特征。局部寄生性赘瘤，以腭下为最多（图97和图98），其次为两后肢，在眼部、颈部、颊、嗉部、翅基部和泄殖腔周围等处也有发现。

【诊断要点】 根据流行季节和典型症状即可做出确诊。

【防治措施】 坚持对病鸭施行早发现早治疗，既能阻止病程的发展，又能阻止病原的散布，减少对环境的污染。发现本病，早期治疗可取得良好效果。用75%酒精溶液，病灶内注射1～3毫升。2%左旋咪唑颌下病灶按0.3～0.5毫升剂量，后肢病灶按0.1～0.3毫升剂量病灶内注射。

图97　鸭鸟蛇线虫病（鸭丝虫病）

患四川鸟蛇线虫病的病鸭群。　（李明忠）

图98　鸭鸟蛇线虫病（鸭丝虫病）

病鸭颌下寄生性赘瘤病灶。　　（李明忠）

在流行区可用丙硫咪唑按60毫克/（千克/日）×2剂量混于饲料中投喂，10天后再服一次。或左旋咪唑按50毫克/（千克/日）×2剂量混于饲料中投喂，10天后再服一次。

加强雏鸭的饲养管理，育雏场地必须建立在终年流水不断的清洁溪流上，切断中间宿主——剑水蚤孳生聚集的疫水环境，使雏鸭避免重复感染的机会。

鸭后睾科吸虫病

【病原】后睾吸虫病是后睾科吸虫寄生于家鸭肝胆管和胆囊内引起的疾病。寄生于中国家鸭体内的后睾科吸虫为后睾科、后睾亚科、次睾属及后睾属的一些虫种，在中国各地家鸭体内已发现10种后睾吸虫，其中常见种为东方次睾吸虫、台湾次睾吸虫和鸭对体吸虫。

【典型症状与病变】患病鸭表现为精神沉郁，缩颈闭眼，离群呆立，消瘦，鸭喙色淡变白（图99），排白色或灰绿色水样粪。剖检见肝脏肿大质脆，橙黄色（图100和图101），切面流出红色稀薄血水，并可见出血性孔道。胆囊肿大（图101），胆管增粗呈索状突出于肝表面。胆囊、胆管内壁粗糙，胆管壁增厚，管腔狭窄，胆汁浓稠变绿。镜下见胆管上皮增生呈树枝状（图102）。

图99　鸭后睾科吸虫病

病鸭喙部色泽变白。右为正常对照。（卢明科）

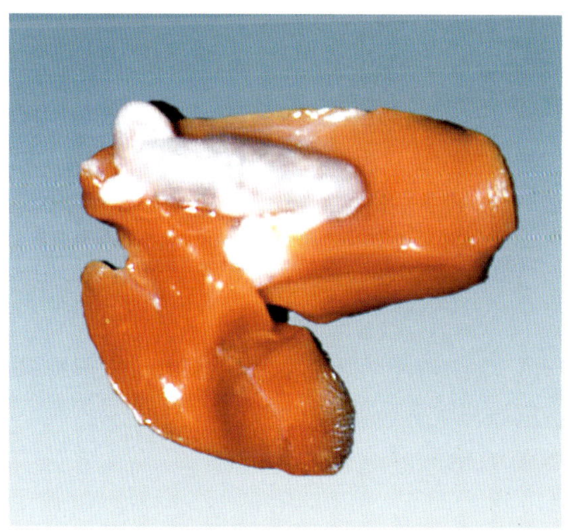

图100　鸭后睾科吸虫病

肝脏色黄，胆囊壁增厚（杨光友）

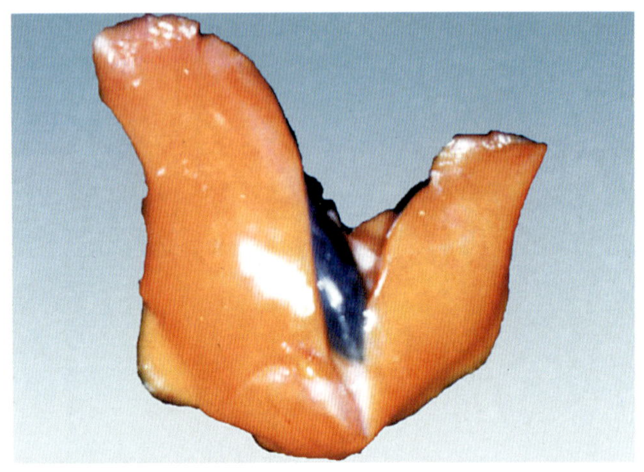

图 101　鸭后睾科吸虫病
肝脏肿大、橘黄色，胆囊膨大。（杨光友）

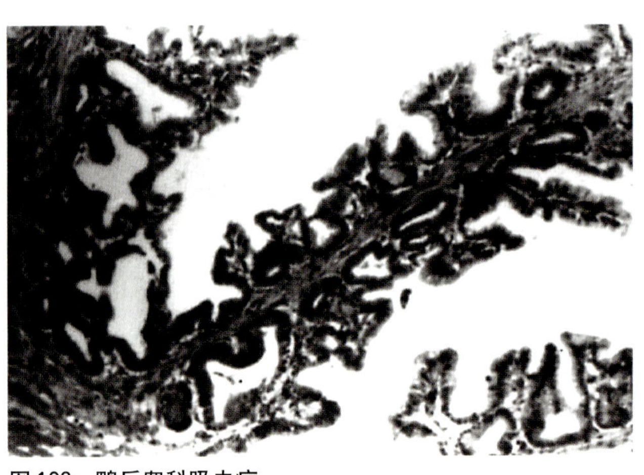

图 102　鸭后睾科吸虫病
胆囊壁黏膜上皮增生呈树枝状。（杨光友）

【诊断要点】生前诊断主要靠粪便发现虫卵，但鉴别虫种较困难。死后剖检发现虫体并结合病变即可确诊。

【防治措施】发病后可用吡喹酮治疗，按 30 毫克 / 千克体重拌料口服 1 次；也可用丙硫咪唑，按 100 毫克 / 千克体重拌料口服 1 次。

禁用生鱼及下脚料喂鸭，杜绝感染源。可采用化学药物杀灭纹沼螺和赤豆螺，阻断或控制后睾吸虫幼虫期发育的第一个环节。

鸭膜壳科绦虫病

【病原】膜壳科绦虫是家鸭体内最常见并且危害最严重的一类绦虫。膜壳科绦虫的种类很多，其中以矛形剑带绦虫、冠双盔绦虫、巨头腔带绦虫和片形皱缘绦虫致病力较强，在我国一些地区对鸭危害较严重，常造成幼鸭成批死亡。膜壳科绦虫主要寄生于家鸭的小肠内，可引起鸭出现贫血、消瘦、下痢、产蛋减少或停止。对雏鸭生长发育影响尤为严重，重度感染时可引起死亡。

【典型症状与病变】膜壳科绦虫吸盘或吻突上的钩或棘对鸭肠壁引起机械损伤，虫体产生的毒素可致鸭体中毒。轻度感染一般不呈现临床症状，严重感染时可出现生长缓慢、体况下降、产蛋量下降、消瘦和贫血、拉稀等症状。各种年龄的鸭均可受绦虫的感染，但以幼鸭受害最严重。绦虫虫体形态见图103。

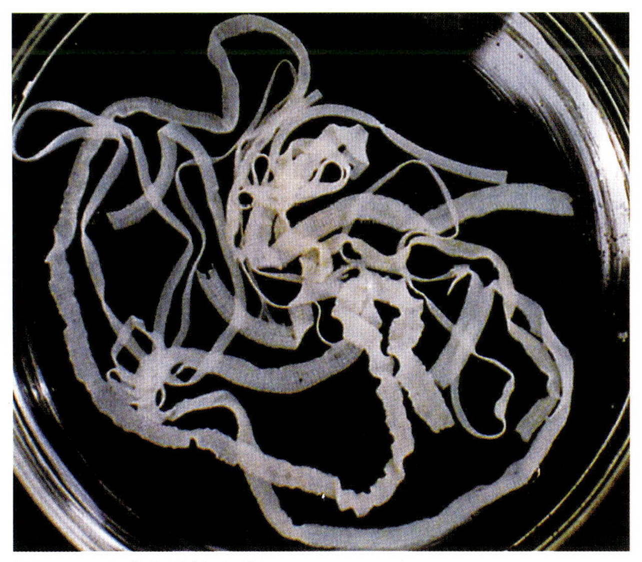

图103　鸭膜壳科绦虫病

鸭膜壳科绦虫虫体。　　（杨光友）

【诊断要点】寄生虫剖检检查是诊断鸭绦虫病最可靠的方法。具体方法是将抽检患鸭的肠道剪开，平铺在容器底部，详细观察虫体，一般大型绦虫很容易发现。

【防治措施】驱除鸭膜壳科绦虫的首选药物是吡喹酮，按10毫克/千克体重口服。可选用丙硫咪唑，按20～30毫克/千克体重口服进行治疗。

防止鸭吞食各种类型的中间宿主，用化学药物杀灭（或控制）中间宿主。将成鸭与幼鸭分群饲养，推广幼鸭舍饲。保证水源不被污染或者在远离水源处饲养。经常清除和处理粪便，防止中间宿主吃到绦虫卵或节片。对成年鸭每年进行春、秋季两次预防性驱虫。对幼鸭驱虫应在放牧18天后进行，以避免感染性幼虫成熟排卵污染水源。

鸭棘头虫病

【病原】鸭棘头虫病是由多形科和细颈科棘头虫寄生在鸭小肠内引起的疾病。大多形棘头虫与小多形棘头虫均寄生于小肠前段；鸭细颈棘头虫多寄生于小肠中段。

【典型症状与病变】鸭棘头虫病的临床症状不易观察，特别大群饲养时观察困难。成年鸭的症状不明显，而幼年鸭，尤其感染严重者，主要表现瘦弱和大量死亡。剖检见肠道浆膜肉芽组织增生的小结节，大量橘红色虫体固着于肠壁上（图104）。

【诊断要点】粪便检查，发现特殊形状的虫卵或解剖病死鸭，在小肠中发现大量虫体即可确诊。

【防治措施】国产硝硫氯醚（学名Niteoscanate），按100～250毫克/千克体重一次投服，是治疗本病的首选药。

成年鸭为带虫传播者，幼鸭和成年鸭应分群放牧或饲养。在成年鸭放牧过的水田、塘内，最好不要放牧幼鸭。坚持对成年鸭和幼鸭进行预防性驱虫。加强鸭粪管理，防止病原扩散。

图 104　鸭棘头虫病
寄生于鸭肠道的棘头虫。（杨光友）

鸭维生素A缺乏症

【病因】 鸭维生素A缺乏症是由维生素A缺乏引起的一种营养代谢性疾病。发生原因主要是饲料中维生素A或胡萝卜素不足或缺乏，也可因饲料中维生素A受到破坏、转化障碍，或鸭不能吸收维生素A等因素而引起。

【典型症状与病变】 病鸭表现为两脚无力或瘫痪，共济失调。皮肤干燥，喙、脚蹼等皮肤的黄色素变淡或消失（图105），鼻液黏稠，呼吸困难，眼结膜潮红，流泪，眼睑下和眶下窦积有多量干酪样物质，挤压可流出一种牛乳状的渗出物（图106）。剖检见鼻窦、口腔、咽、食道等部位黏膜表面形成点状小脓疱（图107），继而形成假膜，溃疡；眼结膜炎，角膜浑浊，溃疡（图108），干酪化或穿孔。有的病例还可出现尿酸盐沉积。

【诊断要点】 根据眼炎、干酪样渗出物及黏膜表面形成点状小脓疱可以做出初步诊断。检测血液和肝脏中的维生素A水平有助于确诊（维

图 105　鸭维生素 A 缺乏症

上喙角质层粗糙，部分脱落。

（张济培）

图 106　鸭维生素 A 缺乏症

上下眼睑粘连，挤压眶下窦见干酪样渗出物流出。

（张济培）

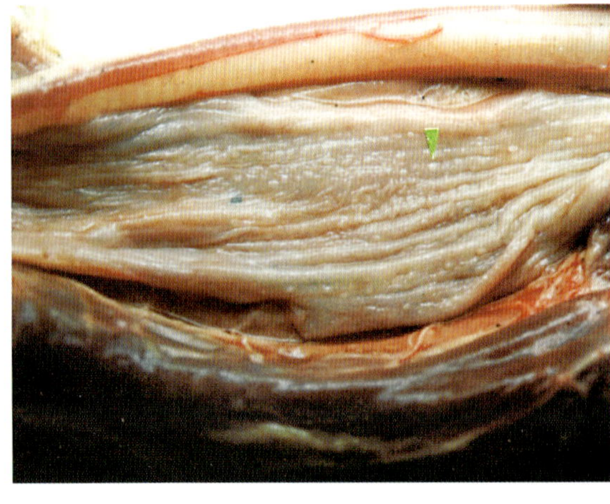

图107　鸭维生素 A 缺乏症

食道黏膜的灰白色小脓疱样病变。（张济培）

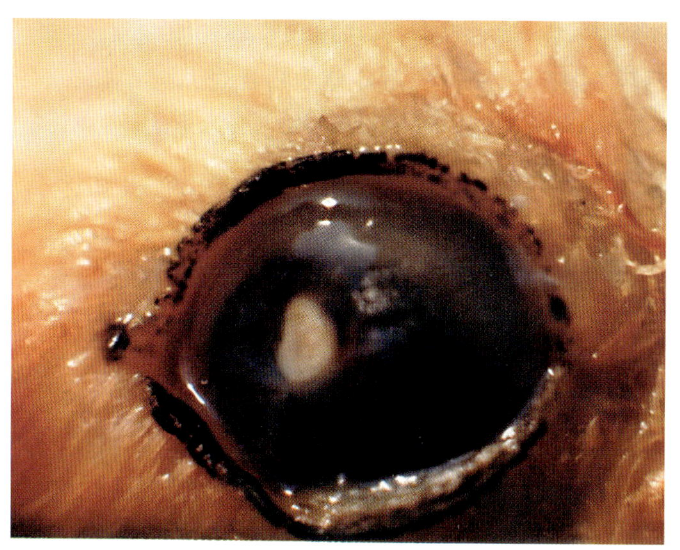

图 108　鸭维生素 A 缺乏症

眼角膜的灰白色病灶。（张济培）

鸭肝组织含维生素A在7国际单位/克以下，可以确认为维生素A缺乏。）

【防治措施】 根据鸭的品种、日龄、生产状况供给充足的维生素A；注意饲料的贮存保管，避免发酵酸败、发热、氧化，防止胡萝卜素和维生素A被破坏；注意消除影响家禽对维生素A吸收和转化的因素。

发病后应在早期及时治疗，在日粮中添加充足的维生素A（2000～20000国际单位/千克饲料）或用鱼肝油拌料（0.2%），连用10～15天。个别较重病禽，可滴服浓缩鱼肝油2～3滴/只，每天1～2次，连用5～7天。

【诊疗注意事项】 对发病鸭只在早期进行治疗，几天后即可收到明显的效果，但对于眼球严重损害和明显运动失调的重病例治疗效果不明显。

鸭维生素 B_1 缺乏症

【病因】 鸭维生素B_1是由维生素B_1缺乏引起的以多发性神经炎为主

要特征的营养代谢性疾病。原发性原因主要见于鸭群长期饲喂缺乏维生素B_1的日粮；饲料贮存时间过长，维生素B_1遭到破坏；常采食大量的鱼、虾等含硫胺素酶的软体动物而破坏体内维生素B_1，或某些消化道疾病影响维生素B_1吸收而引起发病。

【典型症状】 雏鸭较成年鸭易发病，患鸭表现两脚发软（图109）、无力，步态不稳，共济失调，扭头、转圈或无目的奔跑，阵发性的抽搐、痉挛或呈观星姿势（图110）。成年患鸭无明显症状，表现种蛋孵化率下降，所孵出雏鸭易发生本病。

【诊断要点】 根据临床症状，结合饲料分析可做出诊断。也可用维生素B_1治疗典型病鸭，如果治愈可以确诊。

【防治措施】 保证饲料中维生素B_1的含量，供给鸭群新鲜的全价饲料，或饲料中添加复合维生素B；避免饲喂未经煮熟的鲜活水产品；当鸭群出现消化道疾病时，及时排除病因，并添加B族维生素。

发病鸭群，饲料中添加硫胺素或复合维生素B，10～20毫克/千克饲料，连用1～2周。对严重病例，可使用维生素B_1注射液经肌注给药，

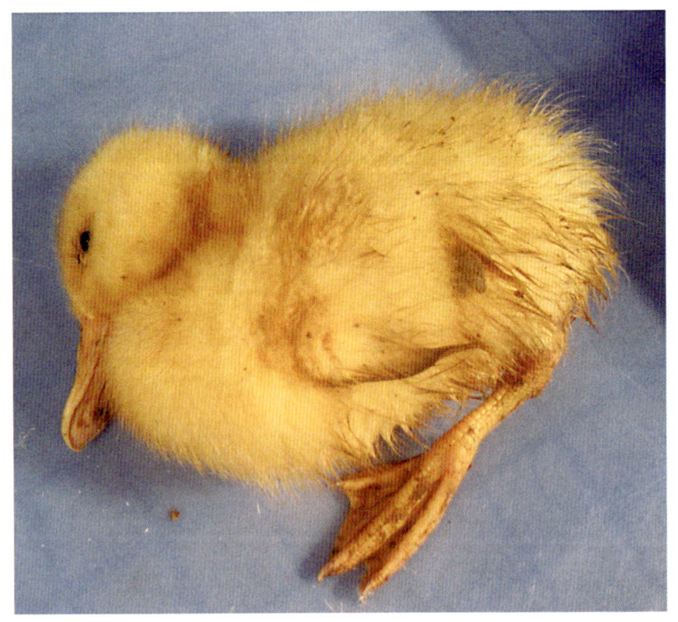

图109　鸭维生素B_1缺乏症

病鸭头颈侧向一边，软脚无力。（张济培）

图 110　鸭维生素 B_1 缺乏症

病鸭阵发性的抽搐与转圈。（张济培）

3～5 毫克/只，每天 1 次，连用 3～5 天。

【诊疗注意事项】 雏鸭发生维生素 B_1 缺乏症时，应与同样以神经症状为特征的鸭病毒性肝炎相鉴别，病毒性肝炎多突然暴发，死亡快，肝脏明显的出血斑点。

鸭维生素 B_2 缺乏症

【病因】 鸭维生素 B_2 缺乏症是由维生素 B_2 缺乏引起的一种营养代谢性疾病。雏鸭几乎不能合成维生素 B_2，当饲料中维生素 B_2 供给不足或缺乏，易发生维生素 B_2 缺乏症。

【典型症状】 病鸭生长缓慢，不愿走动，消瘦，瘫痪，脚蹼向内弯曲，以飞节着地（图 111 和图 112）。

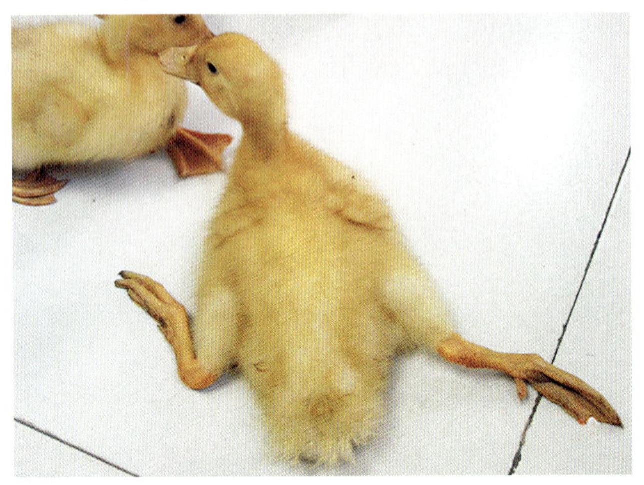

图 111 鸭维生素 B_2 缺乏症

病鸭瘫痪。（胡薛英）

图 112 鸭维生素 B_2 缺乏症

病鸭脚蹼内弯。（胡薛英）

【诊断要点】 根据典型的临床症状并结合发病原因分析，可做出初步诊断。确诊需进行饲料维生素 B_2 的含量检测。

【防治措施】 饲喂全价日粮。在发病初期，补充适量的维生素 B_2，有一定的治疗作用，但对屈趾病变已久的不可逆损伤，则难以治愈。

鸭维生素E－硒缺乏症

【病因】维生素E-硒缺乏症是由维生素E-硒缺乏而引起的以肌营养不良为特征的营养代谢性疾病。发生原因主要是日粮维生素E和硒不足或缺乏。

【典型症状与病变】本病多发生于2～3周龄雏鸭，主要表现为肌营养不良症。病鸭衰弱，腿软无力。剖检见横纹肌纤维变性坏死，出现与肌纤维束走向相同的白色或灰白色条纹（图113）。

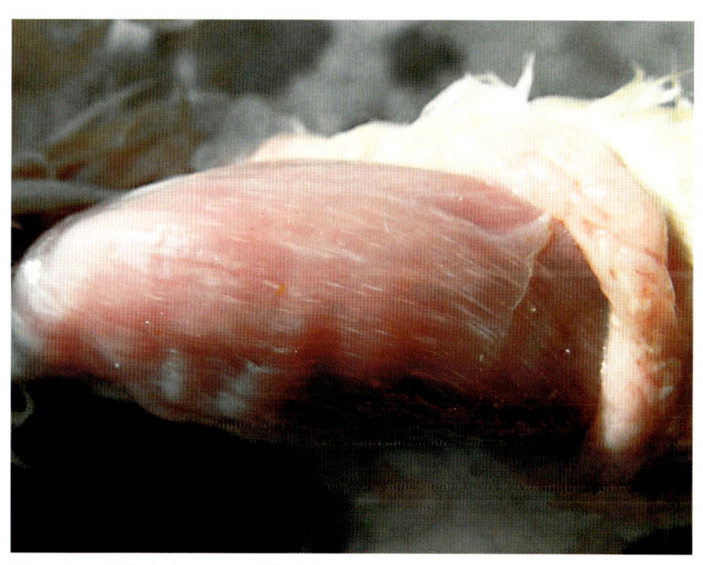

图113　鸭维生素E－硒缺乏症

腿肌色淡，出现灰白色条纹状变性和坏死。（张济培）

【诊断要点】根据肌营养不良的病变特点，结合日粮维生素E、硒含量分析可做出诊断。

【防治措施】保证饲料中添加足够的维生素E、硒和含硫氨基酸，避免饲料贮存时间过长。发生本病时，使用维生素E、硒制剂拌料喂饲病鸭群，用5～7天，同时在饲料中增加适量的含硫氨基酸。对重度病例可用0.1%亚硒钠注射液经肌肉注射，0.1毫升/只，连用2～3天，同时饲喂维生素E、硒制剂。

鸭钙磷缺乏症

【病因】鸭钙磷缺乏症是由日粮钙磷缺乏所引起的以骨组织受损为特征的代谢障碍性疾病。日粮钙磷缺乏是主要原因，其次为钙磷比例失调，也与日粮中维生素D的含量密切相关。

【典型症状与病变】病鸭两腿变软，向外弯曲呈O形，跛行，严重者站立困难或卧地不起（图114）；上下颌骨质地柔软似橡皮，对折不断（图115）。剖检见肋骨表面出现佝偻串珠（图116）或肋骨弯曲（图117）；脊柱弯曲呈S状（图118）；胫骨质地变软弯曲为“弓”形或半圆形（图119）。

图114 鸭钙磷缺乏症

病鸭双腿变软，卧地不起。（崔恒敏）

图 115　鸭钙磷缺乏症

上颌骨质地柔软，对折不断。

（崔恒敏）

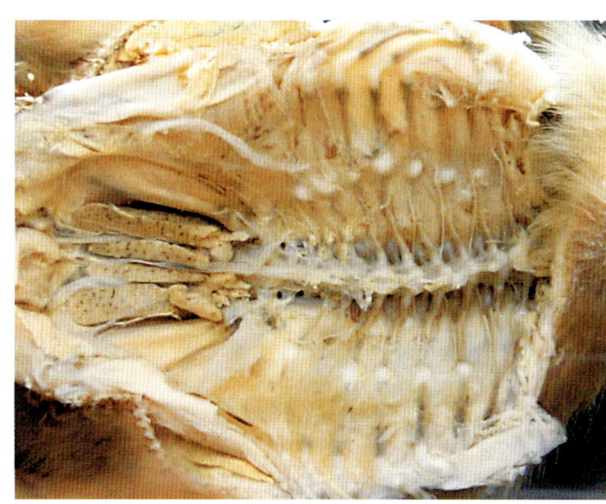

图 116　鸭钙磷缺乏症

肋骨内表面佝偻病串珠。

（崔恒敏）

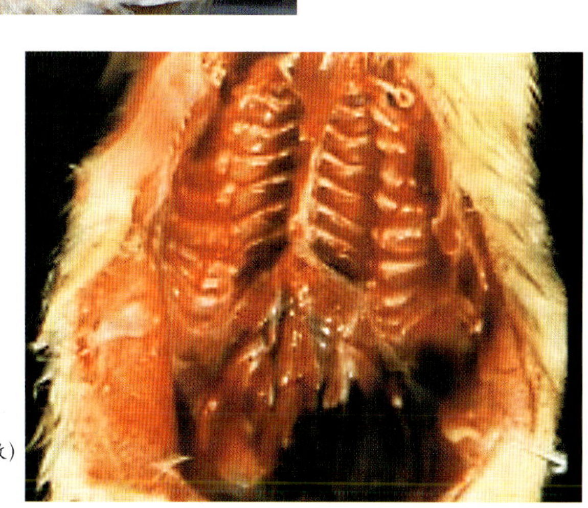

图 117　鸭钙磷缺乏症

病鸭肋骨变软、弯曲。

（崔恒敏）

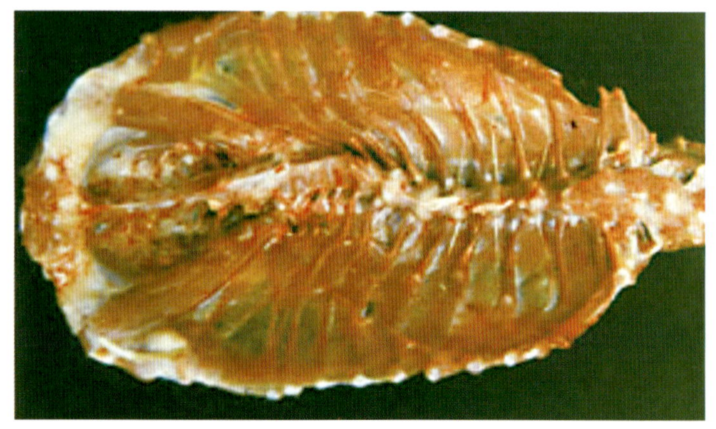

图 118　鸭钙磷缺乏症

脊柱骨质变软、弯曲。　（崔恒敏）

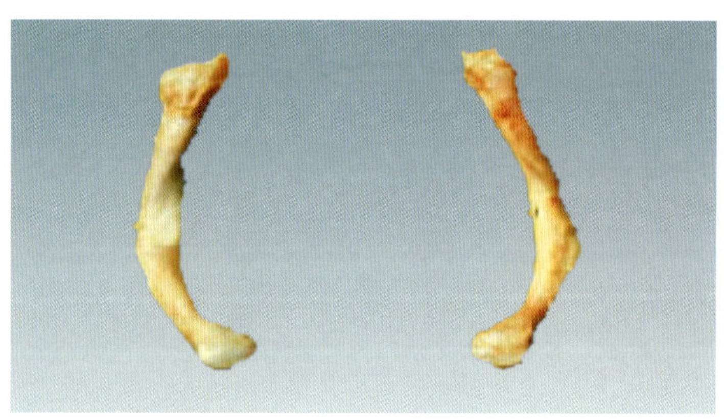

图 119　鸭钙磷缺乏症

胫骨骨质变软、弯曲。　（崔恒敏）

【诊断要点】

1.两腿变软，跛行。

2.剖检特征性变化只见于骨组织。

3.其他器官、组织未见异常。

【防治措施】针对病因，饲养管理中给以全价配合日粮。钙含量应为0.60% ~ 0.80%，有效磷应为0.30% ~ 0.35%，钙磷比例为2∶1，并补充维生素D和青饲料。在良好的饲养条件下，不仅能满足鸭的生长发育，而且能有效地预防因钙磷缺乏或比例失调引起的缺乏症。

鸭发生钙磷缺乏症后，首先明确发生原因，是钙缺乏、磷缺乏，还是钙磷比例失调，及时更换日粮或补充钙磷和调整钙磷比例。治疗时可用鱼肝油口服或拌料。

【诊疗注意事项】鸭钙磷缺乏症临床上出现跛行、站立困难，诊疗时注意与锰缺乏症、硒缺乏症和鸭关节炎等疾病相区别。

鸭锌缺乏症

【病因】鸭锌缺乏症是由日粮锌缺乏所引起的以羽毛发育不良和骨短粗为特征的代谢性疾病。发生原因主要见于日粮锌不足或缺乏。日粮钙含量过高可降低锌的生物利用率，加重锌缺乏症的征候群或诱发锌缺乏症。

【典型症状】病鸭羽毛发育不良，粗乱稀疏，并伴有不同程度地脱羽（图120）；腿短粗，关节肿大，站立不稳，跛行；足垫增厚、龟裂和结痂（图121）。

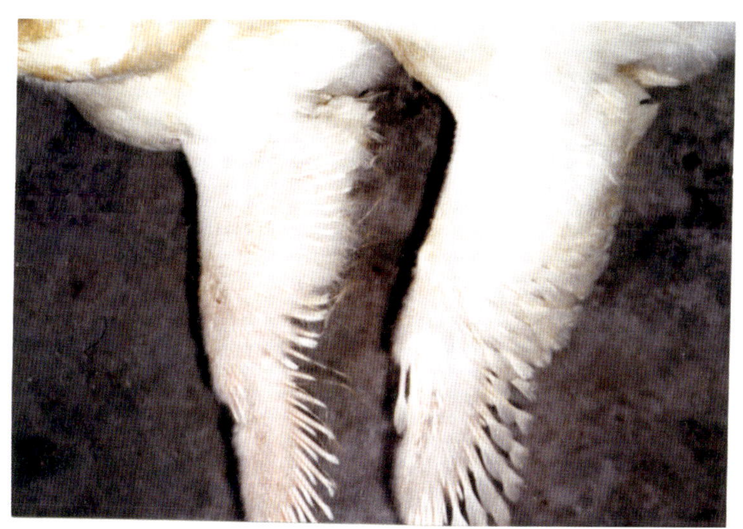

图120 鸭锌缺乏症

缺锌雏鸭翅部羽毛发育不良。右为正常对照。（崔恒敏）

图121　鸭锌缺乏症

缺锌雏鸭蹼部皮肤破溃。左为正常对照。（崔恒敏）

【诊断要点】 根据典型的临床症状，一般可做出诊断。

【防治措施】 针对发生原因，在鸭不同生长时期给以全价配合日粮，每千克日粮含锌60～100毫克即可满足鸭生长发育和预防锌缺乏症。

鸭发生锌缺乏症后，在观察和诊断的基础上立即更换日粮或日粮中补添锌（氧化锌、硫酸锌、碳酸锌均是锌的有效来源），加强饲养管理，可达到治疗目的。

【诊疗注意事项】 诊断时注意与钙磷缺乏症、锰缺乏症和鸭关节炎等疾病相区别。另外，日粮钙磷和微量元素按需要量添加，防止过量添加影响锌的生物利用率而诱发锌缺乏症。

鸭锰缺乏症

【病因】 鸭锰缺乏症是由日粮锰缺乏所引起的以滑腱症为特征的营养代谢性疾病。日粮锰不足或缺乏是其主要原因，日粮钙磷含量过高也可影响锰的吸收和利用。

【典型症状与病变】 滑腱症，即胫跖关节肿大，胫骨远端和跖骨近端向外弯转，最后腓肠肌腱滑脱（图122），因而病鸭腿弯曲或扭曲，蹲卧于跗关节或站立困难（图123），终因无法采食、饮水而死亡。

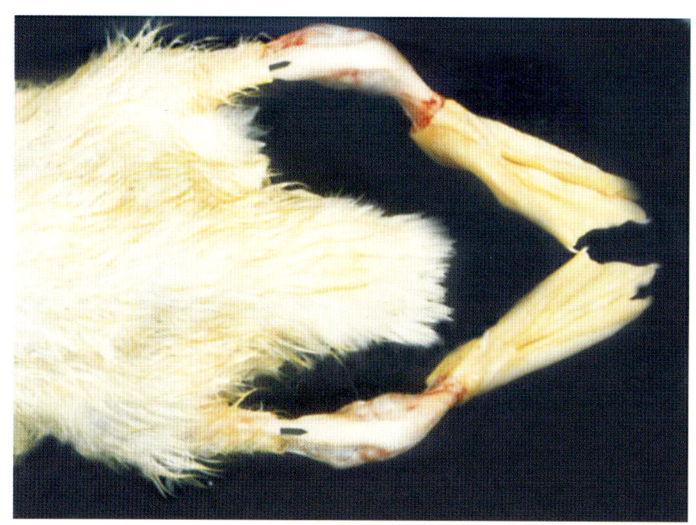

图122　鸭锰缺乏症

滑腱症。（崔恒敏）

图123　鸭锰缺乏症

病鸭腿弯曲，站立行走困难。（岳华）

【诊断要点】根据滑腱症即可做出诊断。

【防治措施】鸭发生锰缺乏症后一旦出现滑腱症，病鸭残废，治疗毫无意义。因此，做好预防工作是防止本病的关键。按每千克日粮锰含量100～160毫克，可有效预防锰缺乏症。此外，加强饲养管理，日粮中各种营养物质含量充足且比例平衡，对预防锰缺乏症的发生也有重要意义。

【诊疗注意事项】鸭滑腱症除锰缺乏引起外，高蛋白日粮、早期相对增重率过快、环境相对湿度过高等因素也可引起，诊疗时注意病因分析。

鸭痛风

【病因】痛风是肾功能紊乱造成的高尿酸血症的一种临床症状，引起通风的原因较为复杂，常见的致病因素有饮水不足等造成脱水，某些药物使用过量、中毒等引起肾脏损害，饲料中的蛋白质（特别是核蛋白）含量过高，维生素A和维生素D缺乏等，均可诱发本病。

【典型症状与病变】鸭痛风可分为内脏型痛风和关节型痛风。内脏型痛风的特征是肾脏、心脏、肝脏、气囊、肠系膜等器官组织表面可见白色的石灰粉样尿酸盐沉积（图124至图126），肾脏肿大，输尿管扩张，管腔内充满石灰样的尿酸盐。

关节型痛风临床表现为跛行，关节肿大，变形，剖检可见关节腔及周围组织中有白色粉状尿酸盐沉积。

【诊断要点】根据典型的剖检病变并结合发病原因调查，较易做出诊断。

【防治措施】保证饲料的质量，合理搭配各种营养成分。加强饲养管理，保证充足的饮水，正确使用各种药物，不要长期或过量使用对肾脏有损害的药物，如磺胺类药物、乙二醇等。防止饲料霉变，避免霉菌毒素的中毒，如赭曲霉素、卵孢霉素、黄曲霉毒素等。

本病没有特效的治疗措施，应尽快找到发病原因，及时消除病因。

【诊疗注意事项】由于鸭痛风的原因较复杂，在诊断和治疗中，首先应找到发病原因，根据发病原因采取相应的治疗措施。

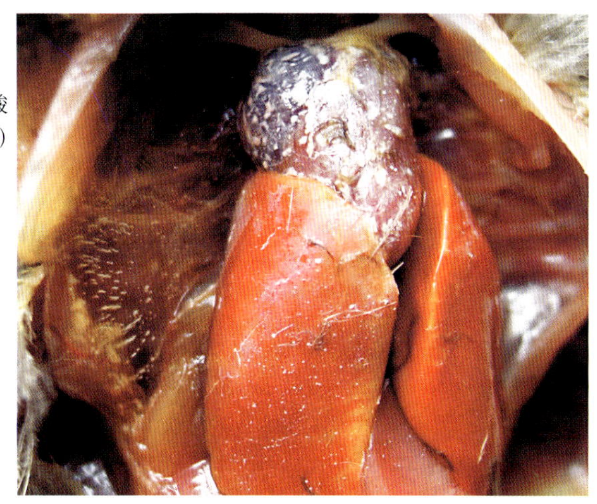

图 124　鸭痛风

心包、肝脏及气囊白色尿酸盐沉积。（胡薛英）

图 125　鸭痛风

心包、肝脏白色尿酸盐沉积。（谷长勤）

图 126　鸭痛风

心包、心肌白色尿酸盐沉积。（谷长勤）

鸭铜中毒症

【病因】鸭铜中毒症是因一次性或短时间误食大剂量铜化合物或高铜日粮，或由于长期食入铜过量日粮而引起，分急性中毒和慢性中毒。日粮铜含量过高，一是人为盲目添加或误添铜添加剂，二是大型铜矿附近“三废”污染土壤、饮水，或高铜土壤生长的植物铜含量过高。

【典型症状与病变】病鸭生长发育不良，排泄蓝绿色或铜绿色粪便。剖检见肌胃角质层增厚、龟裂，铜绿色（图127）；肠道充有蓝绿色或深蓝绿色内容物（图128），肠黏膜潮红肿胀，其上附有深蓝绿色或铜褐色内容物（图129）。

【诊断要点】根据胃肠道典型的剖检变化，结合日粮铜含量测定，一般可做出诊断。

【防治措施】针对发生原因，饲养管理中应给以全价配合日粮。日粮每

图127　鸭铜中毒症

病鸭肌胃角质层增厚、龟裂，铜绿色。右为正常对照。　（崔恒敏）

图 128　鸭铜中毒症

病鸭空肠、回肠充满深蓝绿色内容物。（崔恒敏）

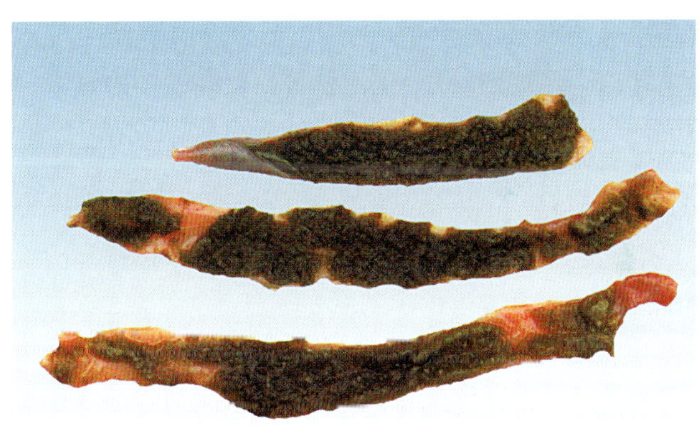

图 129　鸭铜中毒症

病鸭肠黏膜潮红肿胀，其上附有铜褐色内容物。（崔恒敏）

千克含铜 10 毫克即可满足鸭的生长发育需要，防止过量或盲目添加。

鸭发生铜中毒症后，立即更换饲喂全价配合日粮，加强饲养管理，可收到良好的治疗效果。对急性铜中毒的鸭，可用鸡蛋清加水少许打匀口服，每只 3～5 毫升。

鸭黄曲霉毒素中毒

【病因】鸭黄曲霉毒素中毒是由黄曲霉菌产生的耐热的黄曲霉毒素（B_1、B_2）引起的一种中毒性疾病。雏鸭对黄曲霉毒素敏感，中毒多取急性经过。

【典型症状与病变】病禽表现拒食，蹲栖，羽毛直竖，有抽搐、角弓反张现象。剖检见肝脏肿大、色黄、质脆，肝表面及切面呈网格状，肝小叶明显（图130）；肾脏肿大及脚蹼出血（图131和图132）。组织学检查可见肝细胞变性、坏死和间质内胆管广泛增生（图133）。

【诊断要点】根据典型病变可做出初步诊断。确诊需作实验室诊断，取病死鸭肝脏和饲料作黄曲霉毒素含量的测定。

【防治措施】怀疑为黄曲霉毒素中毒时，及时更换饲料。轻度病例可以得到恢复，对于重度病例，为尽快排出胃肠道内的毒素，可投给盐类泻剂，并静脉注射50%葡萄糖溶液，同时配合维生素C制剂进行治疗。

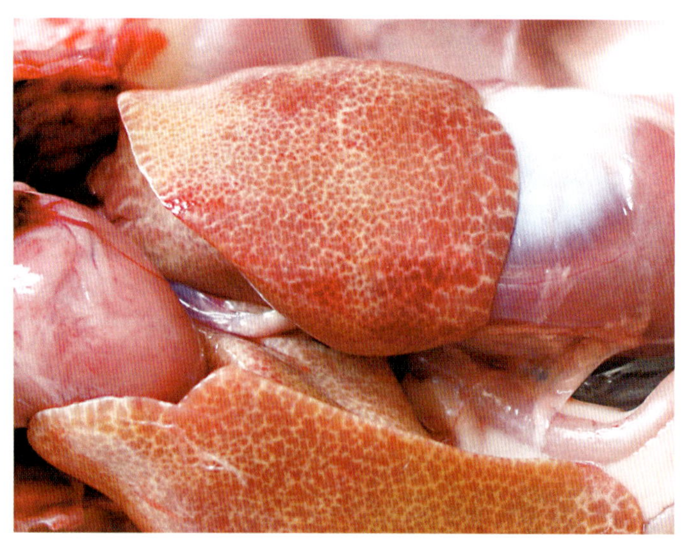

图130　鸭黄曲霉毒素中毒

肝肿大，表面呈网格状，并附有白色的炎性渗出物。（胡薛英）

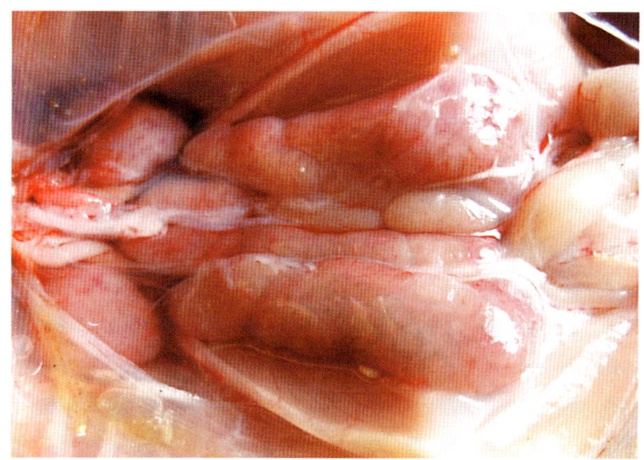

图 131　鸭黄曲霉毒素中毒

肾脏显著肿大。

（胡薛英）

图 132　鸭黄曲霉毒素中毒

鸭蹼出血。　（胡薛英）

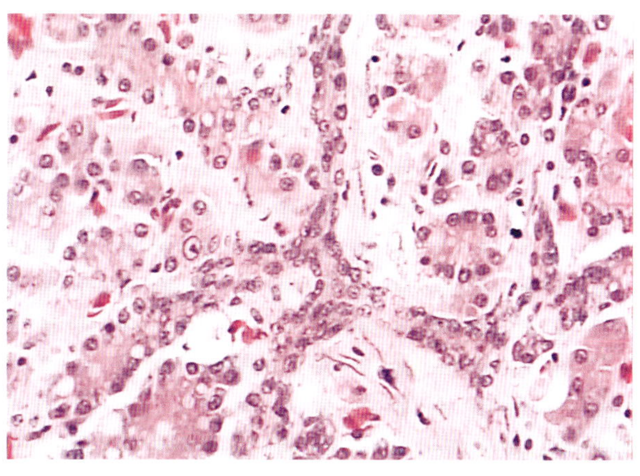

图 133　鸭黄曲霉毒素中毒

肝细胞坏死，间质胆管增生。(HE × 400)

（胡薛英）

预防黄曲霉毒素中毒的根本措施是避免饲喂发霉饲料。

【诊治注意事项】本病目前尚无特效解毒药，因此对中毒鸭的治疗较为困难。中毒死亡鸭因器官组织均含毒素，不能食用应将其深埋或烧毁。病鸭的粪便也含有毒素，应集中用漂白粉进行消毒处理，以防止污染水源和饲料。

磺胺类药物中毒

【病因】磺胺是治疗家禽细菌性疾病和球虫病的常用药，但毒副作用大，常由于用量过大或服用时间过长而引起中毒。雏鸭对磺胺类药物敏感，易出现中毒反应。

【典型症状与病变】病鸭表现全身虚弱，脚软或站立不稳，呼吸困难（图 134），有时出现神经兴奋症状，摇头、惊恐（图 135 和图 136）。慢性中毒病例生长发育不良，体重减轻；无毛部位皮下可见出血斑（图 137）。剖检见皮下、肌肉出血（图 138 至图 140）；肝脏肿大，紫红或黄

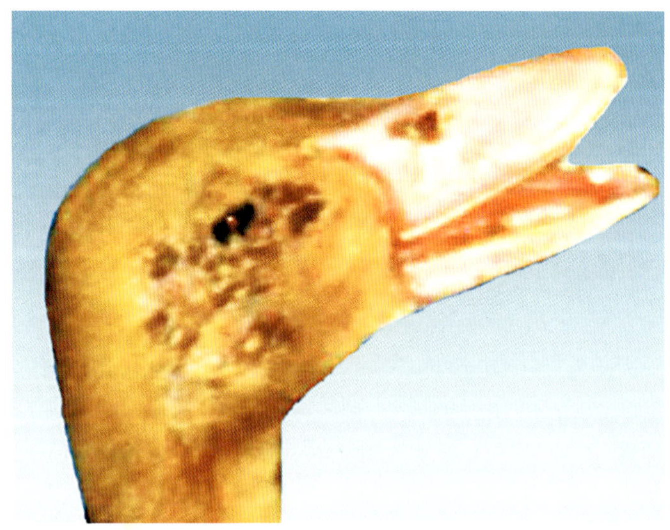

图 134　磺胺类药物中毒

病鸭呼吸困难。　（岳华，汤承）

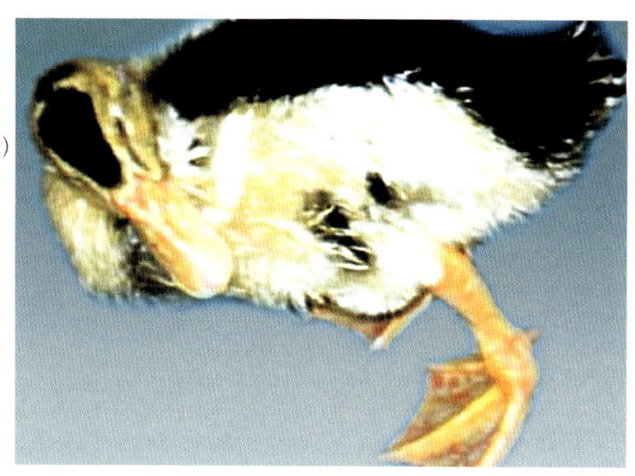

图 135　磺胺类药物中毒

病鸭平衡失调，站立不稳。
（岳华，汤承）

图 136　磺胺类药物中毒

神经症状，表现为惊恐、甩头。（岳华，汤承）

图 137　磺胺类药物中毒

脚蹼出血。（岳华，汤承）

图138　磺胺类药物中毒
病鸭消瘦，全身皮下大面积出血。（岳华，汤承）

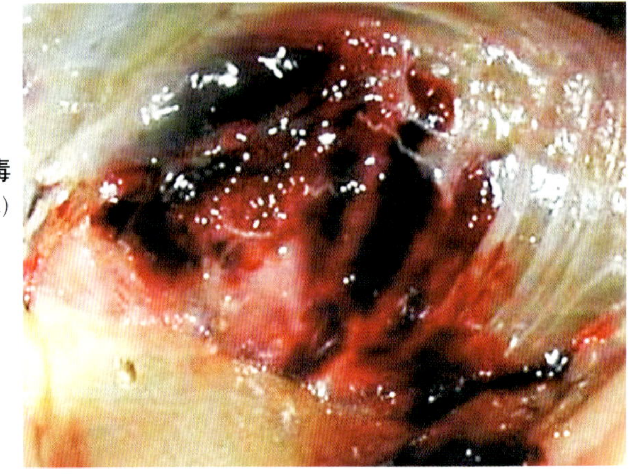

图139　磺胺类药物中毒
胸肌出血。（岳华，汤承）

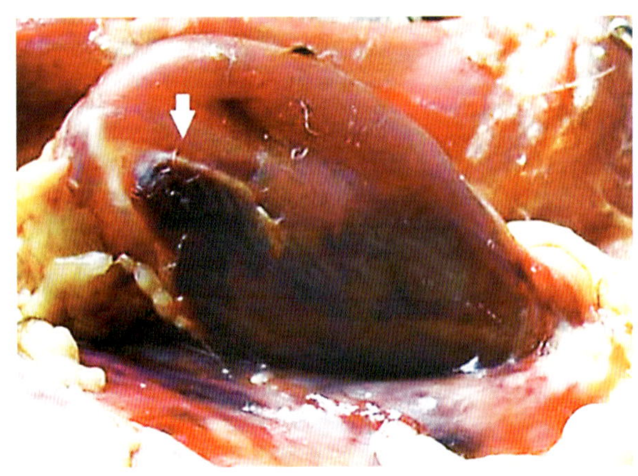

图140　磺胺类药物中毒
腿部皮下、肌肉出血。（岳华，汤承）

褐色，充血、出血，质脆易碎（图141）；肾脏肿大、色黄，出血呈斑点状（图142）；脾脏色黄、出血（图143）；骨骺和骨髓褪色（图144和图145）。

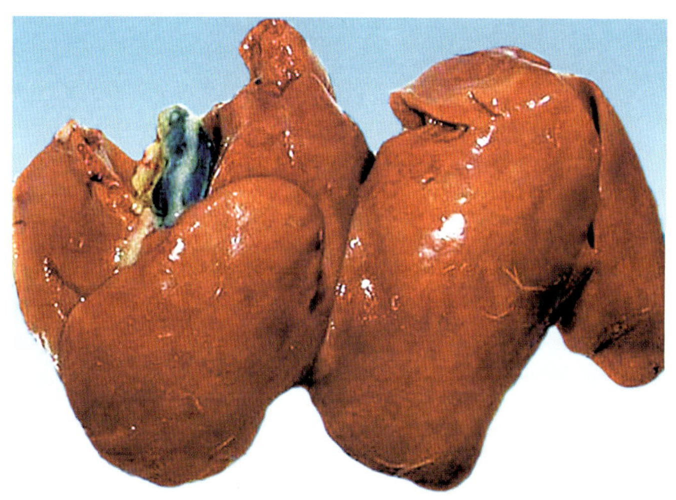

图141　磺胺类药物中毒

肝脏肿大，色黄，充血出血。　　（岳华，汤承）

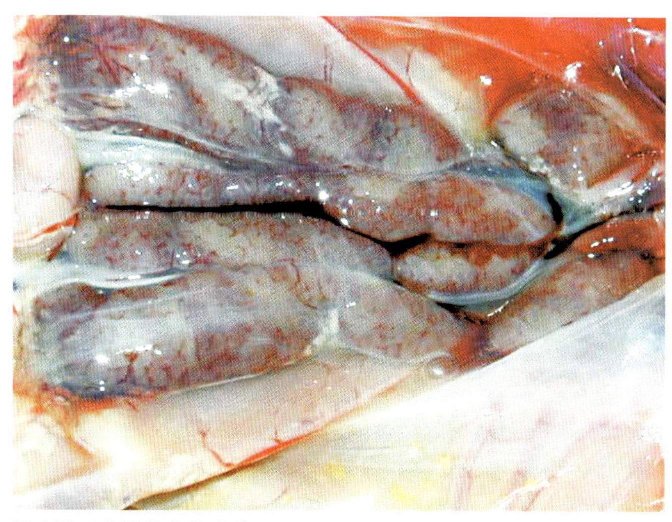

图142　磺胺类药物中毒

肾脏肿大、充血出血。　　（岳华，汤承）

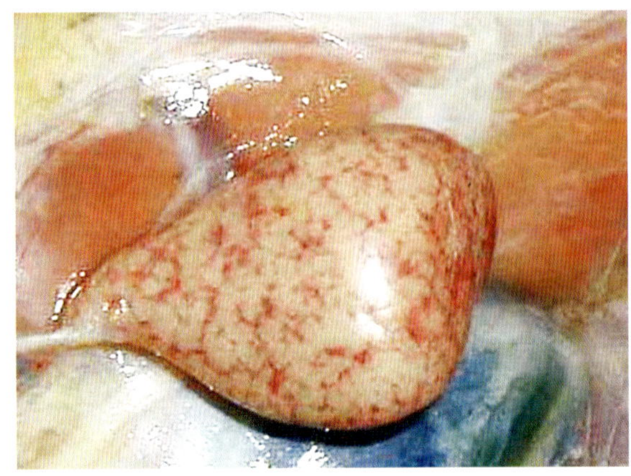

图 143 磺胺类药物中毒
脾脏肿大色黄，充血出血。
（岳华，汤承）

图 144 磺胺类药物中毒
骨髓色淡、出血。
（岳华，汤承）

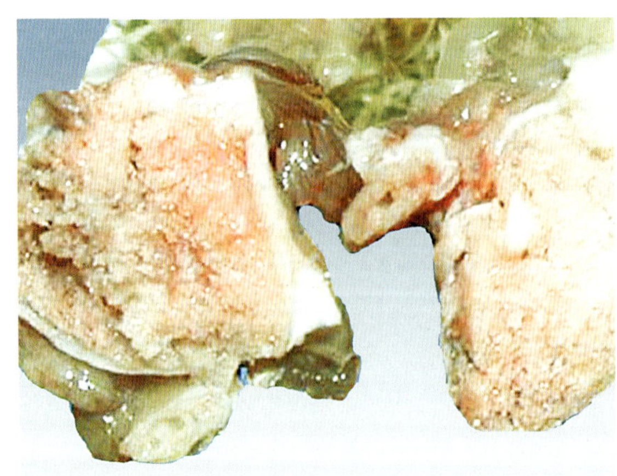

图 145 磺胺类药物中毒
骨骺褪色呈粉红色。
（岳华，汤承）

【诊断要点】根据磺胺类药物不当的用药史，结合症状和剖检变化可做出初步诊断。确诊需结合病鸭血样中磺胺药物含量的测定结果判断。

【防治措施】严格掌握磺胺类药物的剂量和用法，连续使用不得超过5天，1月龄以下的雏鸭和产蛋鸭最好不用。需要使用磺胺类药物时，应配以等量碳酸钠，并供给充足的饮水。一旦发现中毒症状，应立即停药，供给充足的饮水，并于其中加1%～2%的小苏打，饲料中大剂量使用维生素C、维生素K_3，连用数日，直至症状基本消失。

鸭食盐中毒

【病因】饲料中食盐添加量过大或过量添加含盐量高的鱼粉或副产品等饲料原料是引起鸭食盐中毒的主要原因。

【典型症状与病变】病鸭食欲不振或废绝，饮水量增加，腹泻，兴奋不安，继而精神沉郁，运动失调，两腿无力，甚至瘫痪。剖检可见病鸭尸僵不全，血液黏稠，凝固不良；皮下和全身多处组织水肿（图146

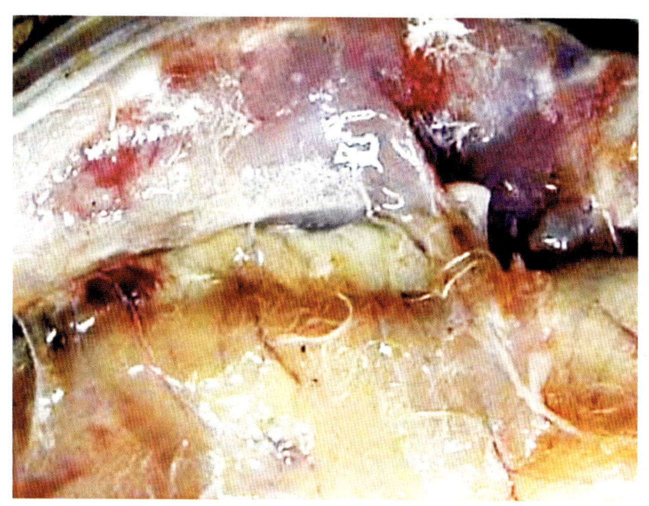

图146 鸭食盐中毒

头颈部皮下水肿。（岳华，汤承）

和图147)，肝肺充血间或出血（图148和图149)；消化道黏膜充血、出血（图150)；脑膜血管扩张、充血（图151)，脑组织水肿，呈紫红色。

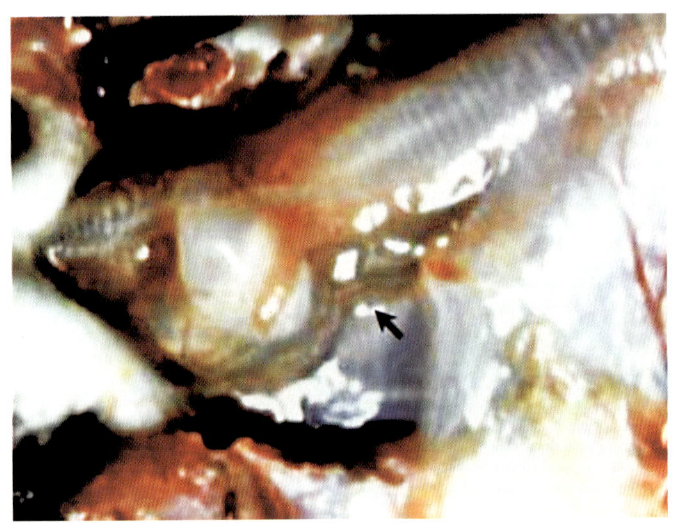

图147 鸭食盐中毒

气管周围组织水肿。（岳华，汤承）

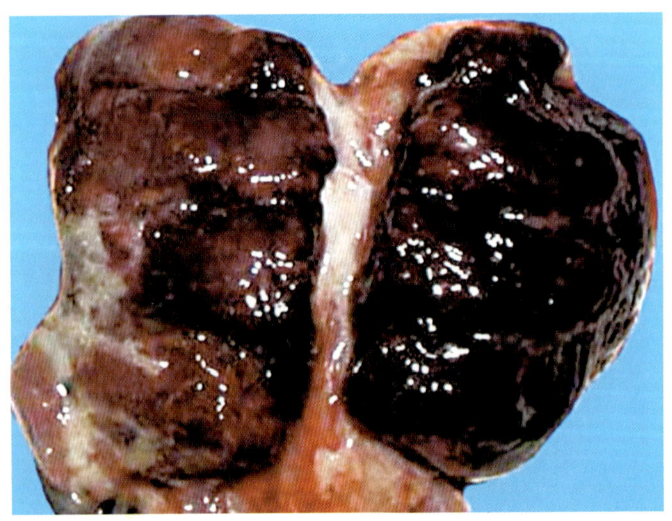

图148 鸭食盐中毒

肺脏充血、出血。（岳华，汤承）

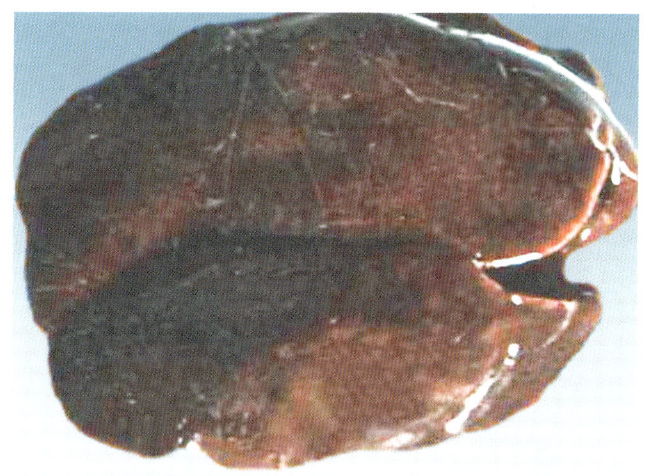

图 149　鸭食盐中毒

肝脏肿大、淤血。（岳华，汤承）

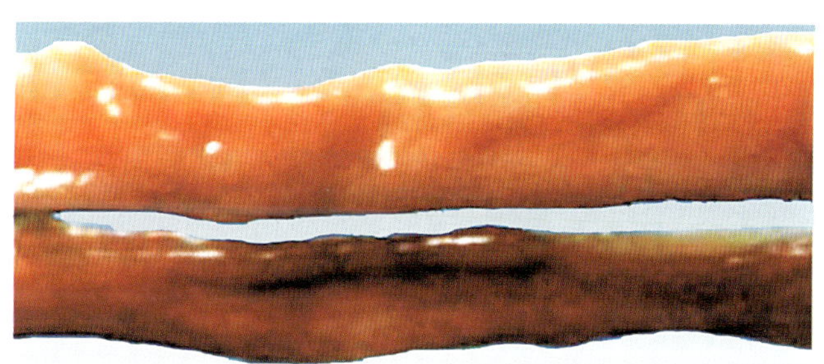

图 150　鸭食盐中毒

肠黏膜淤血。上为正常对照。（岳华，汤承）

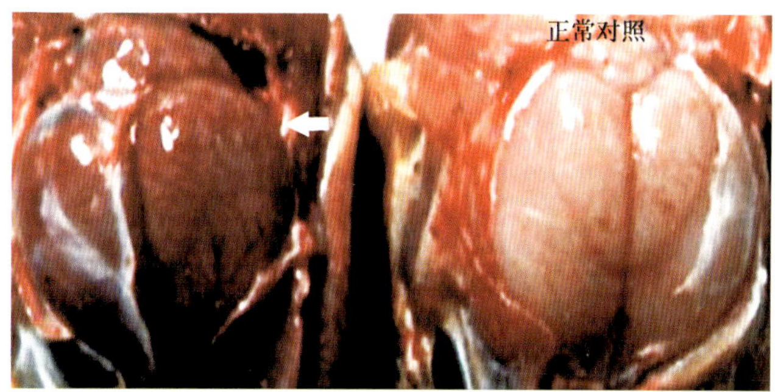

图 151　鸭食盐中毒

脑组织淤血。右为正常对照。（岳华，汤承）

【诊断要点】根据有饲料中食盐添加量过大的病史，渴感增加，神经症状明显等症状，结合消化道黏膜充血、出血和脑膜充血等剖检变化可做出初步诊断。确诊需结合病鸭内脏器官及饲料中盐的含量测定结果判定。

【防治措施】平时应严格控制饲料中食盐的含量，添加的食盐粒径要细，在饲料中须搅拌均匀。发现食盐中毒应立即停止饲喂含盐饲料。轻度中毒，供给充足的饮水或5%葡萄糖水，症状可逐渐好转；严重中毒鸭群要适当控制饮水量，过量饮水会加重脑组织水肿，加重病情，导致死亡增加，可每隔1小时让其自由饮用5%葡萄糖水10～20分钟。

肉鸭腹水症

【原因】肉鸭腹水症是由多种因素引起的一种综合征，其特征是腹部膨大和腹腔积液。多种因素引起，可能与谷物发霉、肉骨粉或鱼粉霉败，产生大量霉菌毒素或细菌毒素有关。

【典型症状与病变】病鸭腹部膨大，触之松软有波动感，腹部皮肤变薄发亮（图152），羽毛脱落。剖检见腹腔积有大量清亮、茶色或啤酒样液体，积液中混有纤维素絮状凝块（图153）；心脏体积增大，心包积液；肝脏质硬，被膜可见纤维素附着。

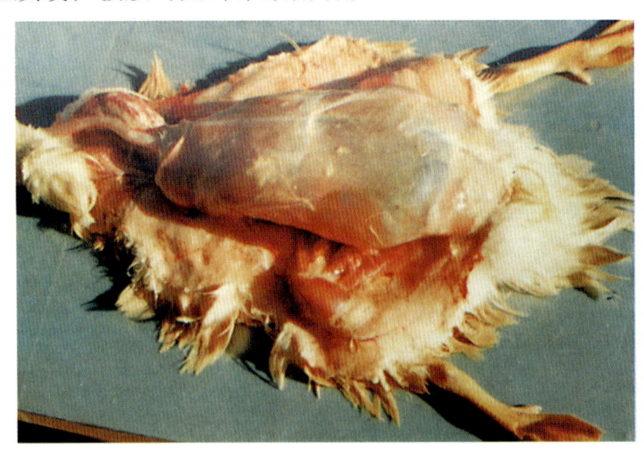

图152　肉鸭腹水症

病鸭腹部膨大，腹壁变薄，腹腔积有大量液体。　（郭玉璞）

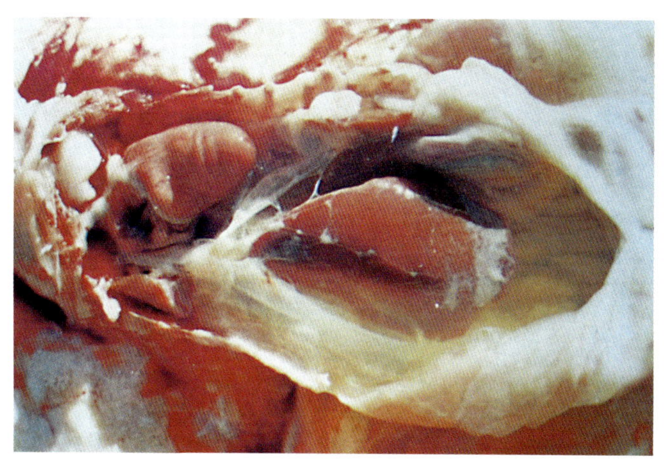

图 153　肉鸭腹水症

剖开腹壁，腹腔积有大量茶色液体，混有纤维素凝块。　（郭玉璞）

【诊断要点】根据腹腔积液即可做出诊断。

【防治措施】首先分析、明确发生原因，更换日粮，加强饲养管理，改善饲养条件，通风换气或降低饲养密度等。肉鸭发生腹水症后，目前尚无有效的治疗方法。

鸭啄癖

【病原】鸭啄癖是病鸭对除饲料外的杂物有异常啄食嗜好的病症，患鸭喜啄食羽毛、肌肉、蛋和其他异物等。发生原因通常是由于饲料缺乏某些蛋白质或氨基酸、维生素、微量元素、食盐、粗纤维等营养物质。饲养密度大、群体个体差异太大、光照不足或过强、体外寄生虫病、皮肤病等因素也可引起。

【典型症状】发生啄癖鸭群的部分鸭只羽毛不整齐或局部或全身无羽毛，体表有损伤，肛门受伤、出血（图 154 至图 157）。产蛋鸭的肛门外翻，流血或直肠脱垂、出血、溃烂。剖检可见死亡鸭只的腺胃与肌胃内充有多量的羽毛或其他异物等。

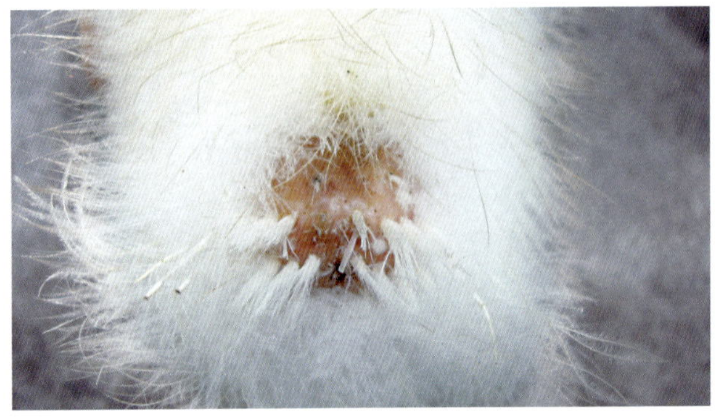

图154 鸭啄癖

尾部羽毛被啄，皮肤显露。（张济培）

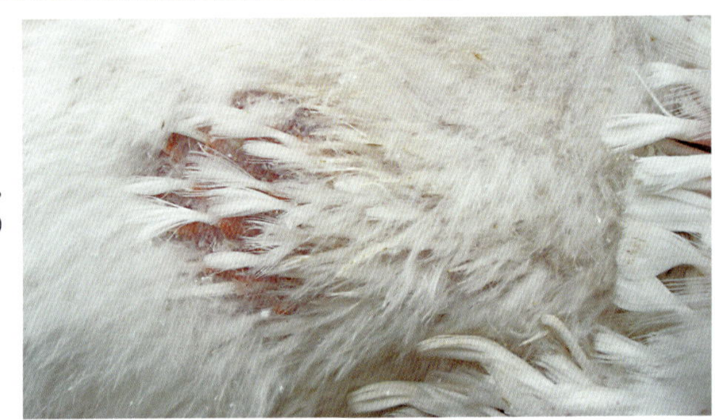

图155 鸭啄癖

背部羽毛被啄脱落，皮肤显露。（张济培）

图156 鸭啄癖

蛋鸭颈、背部羽毛被啄脱落。（张济培）

图 157　鸭啄癖

全身多处羽毛被啄，皮肤啄损出血。（张济培）

【诊断要点】根据病鸭的异嗜行为、外表与剖检可见胃内异物即可做出诊断。

【防治措施】鸭群发生啄癖后，应尽快查明发生的具体原因，并予以消除。针对发生原因采取相应措施有助于本病的预防和控制。

鸭光过敏症

【病因】鸭光过敏症是由于鸭采食了含有某些光过敏物质（如大软骨草籽、川芎的根块等）的饲料，在阳光照射后发生的一种植物毒素中毒症。本病的特征是病鸭上喙、脚蹼变形及角化层脱落。

【典型症状】本病见于20～100日龄鸭，发病率一般为20%～60%，死亡率低，但病残率高。病鸭上喙角质层出现出血斑点或角质下层水肿，形成黄豆至蚕豆大小的水疱（图158），水疱逐渐扩大，破溃，痂皮脱落，露出红色的角化层下层（图159），严重者上喙变短，或边缘向上翻卷（图160），亦可见脚蹼形成水疱，破溃，甚至脚蹼变形和眼结膜炎症状，流泪，流涕。

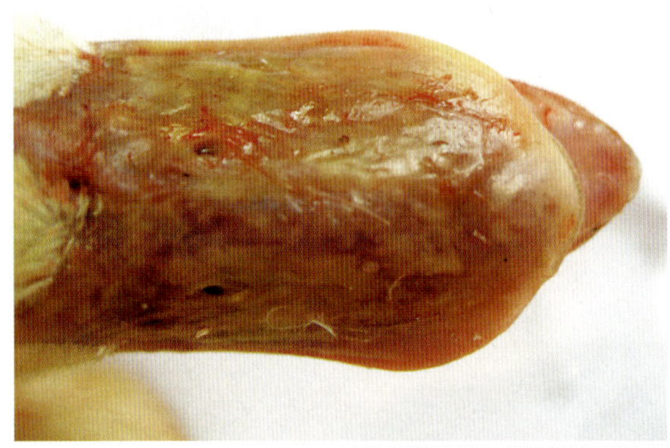

图 158 鸭光过敏症

上喙角质层形成水疱。

（张济培）

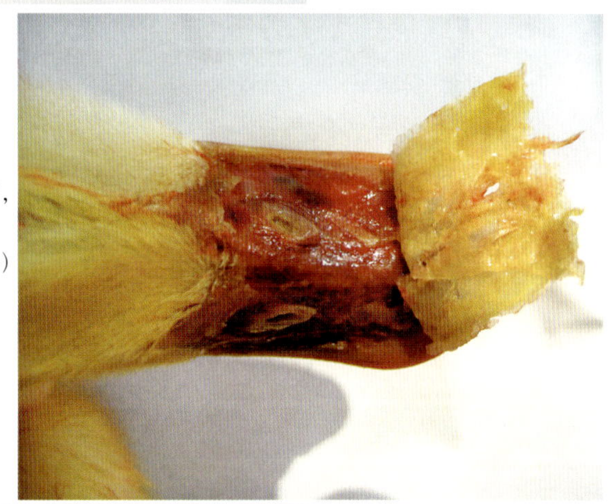

图 159 鸭光过敏症

上喙角质层水疱痂皮脱落，露出红色的角化层下层。

（张济培）

图 160 鸭光过敏症

上喙缩短，边缘向上卷曲。

（张济培）

【诊断要点】根据病鸭的喙和脚蹼的特异性病变可做出诊断。

【防治措施】避免鸭只摄食含光过敏物质的饲料和药物，避免喹乙醇中毒，鸭场应搭建凉棚，不要让鸭群过度接触强烈的阳光。发现有病禽时，停喂可疑饲料或药物，投喂适量葡萄糖、维生素C，以加强机体解毒作用，并补充足量的维生素A、维生素D、维生素E和适量的青饲料。

【诊疗注意事项】鸭只摄食过量的喹乙醇，亦会表现类似的症状与病理变化，临床上注意与之鉴别。

主要参考文献

[1] 陈怀涛，许乐仁主编. 兽医病理学. 北京：中国农业出版社，2005

[2] 甘孟侯主编. 中国禽病学. 北京：中国农业出版社，2003

[3] 岳华，汤承主编. 禽病临床诊断彩色图谱. 成都：四川科技出版社，2002

[4] 郭玉璞编著. 鸭病诊治彩色图说. 北京：中国农业出版社，1997

[5] 何平有，蒋文灿.鸭肿头病败血症病理研究．黑龙江畜牧兽医，2006（11）：87～88

[6] 刘超男，刘明，张云等. H5N1 亚型禽流感病毒的鸭致病性研究. 中国农业科学，2006（2）：412～417

[7] 冯炳文. 鸭流感临床病变图例诊断. 中国家禽，2003（11）：24

[8] 崔恒敏，陈怀涛等. 实验性雏鸭铜中毒症的病理学研究. 畜牧兽医学报，2005（7）：715～721

[9] 彭西，崔恒敏，方静等. 实验性天府肉雏鸭锌缺乏症的病理学研究[J]. 畜牧兽医学报，2003（6）：581～587